计算机科学与技术的发展及应用研究

郝越鑫　魏书东　郭腾宇　著

吉林大学出版社

·长春·

图书在版编目(CIP)数据

计算机科学与技术的发展及应用研究 / 郝越鑫, 魏书东, 郭腾宇著. -- 长春 : 吉林大学出版社, 2023. 10

ISBN 978-7-5768-2264-9

Ⅰ. ①计… Ⅱ. ①郝… ②魏… ③郭… Ⅲ. ①计算机科学-研究②计算机技术-研究 Ⅳ. ①TP3

中国版本图书馆 CIP 数据核字(2023)第 200872 号

书　　名：计算机科学与技术的发展及应用研究
JISUANJI KEXUE YU JISHU DE FAZHAN JI YINGYONG YANJIU

作　　者：郝越鑫　魏书东　郭腾宇
策划编辑：黄忠杰
责任编辑：甄志忠
责任校对：王寒冰
装帧设计：赵欢
出版发行：吉林大学出版社
社　　址：长春市人民大街 4059 号
邮政编码：130021
发行电话：0431－89580028/29/21
网　　址：http://www.jlup.com.cn
电子邮箱：jdcbs@jlu.edu.cn
印　　刷：三美印刷科技(济南)有限公司
开　　本：787mm×1092mm　1/16
印　　张：8
字　　数：130 千字
版　　次：2023 年 10 月第 1 版
印　　次：2023 年 10 月第 1 次
书　　号：ISBN 978-7-5768-2264-9
定　　价：45.00 元

前　言

计算机技术是以实现计算机使用者与他人的交流沟通或者与现实世界进行交互、管理为目的的技术。为了改善人们在生产和生活中的条件,大幅度提高社会生产和再生产的效率,计算机技术被广泛应用于各个民用工业部门以及各种新技术应用的场合中。本书系统地介绍了计算机的理论基础及其在现实中的应用。本书注重计算机的应用与计算机基础知识的衔接和内容的系统性,一方面力求做到内容全面化和系统化,另一方面突出重点,从实际应用的角度出发把握内容。通过研究试图深刻了解和掌握计算机系统的硬件技术和软件技术、计算机新技术、工业系统和民用的技术及应用。通过介绍软件设计的过程,使读者了解软件设计的流程及方法,培养出将软件设计应用于实践的设计开发能力。在掌握典型的软件设计基础知识的条件下,既能熟练掌握最基本的软件设计的分析设计方法,又能对现代最新计算机应用技术有更多的了解。

本书内容翔实,条理分明。首先介绍了计算机的基本概念,包括计算机的起源与发展、计算机的分类和它的发展趋势以及计算机的特点和应用;然后详述了计算机系统结构,包括计算机的硬件系统和软件系统;之后阐述了计算机科学与技术的核心概念,其中包含计算机算法、数据结构、数据库以及数据通信与网络的相关概念;还对计算机技术的发展进行了分析,包括计算机网络技术、计算机多媒体技术、信息安全技术等相关内容；重点介绍了计算机前沿技术，包括人工智能、用户界面与人机交互系统以及嵌入式系统；最后对计算机技术的应用做了介绍，包含民用计算机的应用和工业控制系统应用这两部分内容。

本书是编者参考大量文献和著作编写而成的，谨向这些书作者和译者表示真诚的谢意。

作者

2023 年 4 月

目　录

第1章　计算机基本概念

1.1　计算机的起源与发展

计算机最初是为了计算弹道轨迹而研制的。世界上第一台计算机ENIAC于1946年诞生于美国宾夕法尼亚大学，该机的主要元件是电子管，重量达约30t，占地面积约170㎡，功率为150kW，运算速度为5000次/秒。尽管它是一个庞然大物，但由于是最早问世的一台数字式电子计算机，所以人们公认它是现代计算机的始祖。在研制ENIAC计算机的同时，另外两位科学家冯·诺依曼与莫尔小组合作研制了EDVAC，它采用存储程序方案，即程序和数据一样都存储在内存中，此种方案沿用至今。所以，现在的计算机都被称为以存储程序原理为基础的冯·诺依曼型计算机。

若以材料更迭、物理器件变更为界限划分，计算机的发展阶段大致可分为以下五代：

第一代电子计算机采用电子管，是1946年发展初始阶段使用的器件。电子管计算机内存为磁鼓，外存为磁带，机器的总体结构以运算器为中心，使用机器语言或汇编语言编程，运算速度为几千次每秒。这一时期的计算机运算速度慢、体积较大、重量较重、价格较高、应用范围小，主要应用于科学和工程计算。

第二代电子计算机采用晶体管，使计算机从1958年进入新阶段，晶体管计算机采用存储器作为其结构的核心，运算速度为几万次每秒到几十万次每秒，使用高级语言（例如FORTRAN、COBOL）编程，在软件方面还出现了操作系统。这一时期的计算机运算速度大幅度提高，重量减轻、体积显著减小、功耗降低，提高了可靠性，应用也愈来愈广泛，主要应用领域为数值运算和数据处理。

第三代电子计算机采用中小规模集成电路，将1964年变为计算机的新纪元，中小规模集成电路计算机沿用二代计算机以存储器为结构核心的模式，但在结构中加设了许多外部设备作为辅助。除硬件升级外，软件也得到了更新，这一时期的计算机体积减小，功耗、价格等进一步降低，而速度及可靠性有更大的提高，主要应用领域为信息处理（如数据、文字、图像处理等）。

第四代电子计算机采用大规模、超大规模集成电路，这种模式始于1971年，微型计算机随之出现，功能变得更加强大，应用领域扩大。

从20世纪80年代开始，各发达国家先后开始研究新一代计算机，其采用一系列高新技术，将计算机技术与生物工程技术等学科结合起来，是一种非冯·诺依曼体系结构的、人工神经网络的智能化计算机系统，这就是人们常说的第五代电子计算机。

随着科学技术的不断进步，创新思想的地位不断提升，计算机如今呈现出多极化、智能化、网络化的发展态势，不断满足人们新的需求。作为与计算机相辅相成的科技产业，硬件水平的提升也为计算机的功能完善不断添砖加瓦，使其应用领域也在不断扩大。现如今，计算机已经完全融入了人们的日常生活，成为无法剥离、不可替代的一部分。

1.2 计算机分类及发展趋势

1.2.1 计算机的分类

计算机的分类方法有很多种，按计算机处理数据的特点可分为数字式计算机、模拟式计算机和混合计算机；按计算机的用途可分为通用计算机和专用计算机；按计算机的性能和规模可分巨型机、大型通用机、微型机。

随着计算机科学技术的发展，各种计算机的性能指标均会不断提高，因此计算机的分类方法也会有多种变化。本书将计算机分为以下5类。

1.服务器

服务器必须功能强大，具有很强的安全性、可靠性、联网特性以及远程管理和自动控制功能，具有很大容量的存储器和很强的处理能力。

2. 工作站

工作站是一种高档微型计算机，与一般高档微型计算机不同的是，工作站具有更强的图形处理能力，支持高速的 AGP 图形端口，能运行三维 CAD 软件，并且它有一个大屏幕显示器，以便于显示设计图、工程图和控制图等。工作站又可分为初级工作站、工程工作站、图形工作站和超级工作站等。

3. 台式机

台式机就是人们通常所说的微型计算机，它由主机箱、显示器、键盘和鼠标等部件组成。通常，厂家根据不同用户的要求，通过不同配置，又可将台式机分为商用计算机、家用计算机和多媒体计算机等。

4. 便携机

便携机又称笔记本式计算机，它除了质量轻、体积小、携带方便以外，与台式计算机的功能相似，但价格比台式计算机贵。便携机使用方便，适合移动通信工作的需求。

5. 嵌入式计算机

嵌入式计算机一般由嵌入式微处理器、外围硬件设备、嵌入式操作系统以及用户的应用程序 4 个部分组成。它是计算机市场中数量增长最快的机种，也是种类繁多、形态多种多样的计算机。

1.2.2　计算机的发展趋势

目前，以超大规模集成电路为基础，未来的计算机正朝着巨型化、微型化、网络化、智能化及多媒体化方向发展。

1. 巨型化

科学和技术不断发展，在一些科技尖端领域，要求计算机有更快的速度、更大的存储容量和更高的可靠性，从而促使计算机向巨型化方向发展。

2. 微型化

随着计算机应用领域不断扩大，人们对计算机的要求也越来越高，人们要求计算机体积更小、重量更轻、价格更低，能够应用于各种领域、各种场合。为了迎合这种需求，出现了各种笔记本式计算机、膝上型和掌上型电脑等，这些都是向微型化方向发展的结果。

3. 智能化

人工智能是现代计算机研究领域一直以来的风向标，人们追求着计算机的智能化，想要使它以人类的思维模式来进行思考，进化出有自主思维能力的智能计算机，从简单的计算机向智能计算机转化。人们对计算机的发展抱有很高的期望，目前还有关于机器博弈、智能机器人研发、自动定理证明等方面的研究。随着研究的深入，成果的不断发布，如今的计算机在人工智能领域已经有了很强的实力，如已经普及的承担门禁、支付、侦查等功能的人脸识别功能，还有机械化智能如波士顿机械狗等。

4. 网络化

当今时代，世界已经在互联网的帮助下联合为一个整体，它覆盖了包括我国在内的几乎全部国家和地区，人们之间的交流得到了更好的实现。由此可见计算机的网络化对计算机发展有深远影响。从历史趋势来看，从最初的单机走向联机是顺应历史发展要求的必然结果。计算机网络化是指利用现代通信技术和计算机技术，将分布在不同地方的计算机连接起来，形成规模大、功能强、相互通信的网络结构。网络化的目的是使网络中的软件、硬件、数据等资源能够上传到网络，被网络用户所接受且共享，实现信息交流的方便与自由。网络化所带来的益处深受人们的推崇，多元化、高效化的资源共享推动了社会的进步，因此得到了广泛应用。

5. 多媒体化

在计算机的广泛应用功能中，最常见、最具有吸引力的技术当属多媒体高新技术。多媒体计算机是在计算机技术、通信技术和大众传播技术的基础上产生的处理各种媒体信息的综合性计算机。处理信息的内容有文本图像、音频视频等。不同种类的信息原本独立存在，很难融为一体，为想要表达的内容的完整呈现造成了很多阻碍，而多媒体技术的应用使各种信息得到了协调统一，联合成一个整体放在人机交互系统中为人们所用。这种人机交互方式给人们接收和处理多种信息提供了便利，是多媒体计算机未来的发展方向。

1.2.3　对未来计算机的展望

按照摩尔定律，每过 18 个月，微处理器硅芯片上晶体管的数量就会翻一番。随着大规模集成电路工艺的发展，芯片的集成度越来越高。然而，硅芯片技术的高速发展同时也意味着硅技术越来越接近其物理极限，为此，世界各国的科研人员正在加紧研究开发新型计算机，在不久的将来，计算机从体系结构的变革到器件与技术的革新都将产生一次量的乃至质的飞跃，新型的量子计算机、光子计算机、生物计算机、纳米计算机等将会在 21 世纪走进人们的生活，遍布各个领域。

1. 量子计算机

量子计算机是指利用处于多现实态下的原子进行运算的计算机，这种多现实态是量子力学的标志。量子计算机以处于量子状态的原子作为中央处理器和内存，利用原子的量子特性进行信息处理。一台具有 5000 个左右量子位的量子计算机可以在大约 30s 内解决传统超级计算机需要 100 亿年才能解决的素数问题。事实上，它们速度的提高是没有止境的。

目前，正在开发中的量子计算机有核磁共振（NMR）量子计算机、硅基半导体量子计算机、离子阱量子计算机 3 种类型。科学家们预测，在 2030 年将普及量子计算机。

2. 光子计算机

光子计算机利用光作为信息的传输媒体，是一种利用光信号进行数字运算、逻辑操作、信息存储和处理的新型计算机。光子计算机的工作原理与电子计算机的工作原理基本相同，其本质区别在于光学器件替代了电子器件。电子计算机采用冯・诺依曼方式，用电流传送信息，在高速并行运算时往往会使运算部分和存储部分之间的交换产生阻塞，从而造成“瓶颈”。光子计算机采用非冯・诺依曼方式，它以光作为信息载体来处理数据，使用光内连技术将运算部分直接连接到存储部分，实现高速并行存取。由于光子的速度为 300 000km/s，所以光速开关的转换速度要比电子的高数千倍，甚至几百万倍。另外，光子计算机的各级都能并行处理大量数据，并且能用全息的或图形的方式存储信息，从而大大增加了容量，它的存储容量是现代计算机的几万倍。

1990 年初，美国贝尔实验室制成世界上第一台光子计算机。目前，许多国家投入巨资进行光子计算机的研究。随着现代光学与计算机技术、微电子技术的结合，在不久的将来，光子计算机将成为人类普遍使用的工具。

3. 生物计算机

生物计算机主要是由生物电子元件构成的计算机。生物计算机的主要原材料是生物工程技术产生的蛋白质分子，并以此作为生物芯片，利用有机化合物存储数据。在这种生物芯片中，信息以波的方式传播。当波沿着蛋白质分子链传播时会引起蛋白质分子链中单键、双键结构顺序的变化，它们就像半导体硅片中的载流子那样来传递信息。生物计算机的运算过程就是蛋白质分子与周围物理/化学介质的相互作用过程。计算机的转换开关由酶来充当，而程序则在酶合成系统本身和蛋白质的结构中极其明显地表示出来。

用蛋白质制造的计算机芯片，它的一个存储点只有一个分子大小，所以存储容量大，可以达到普通计算机的 10 亿倍；它构成的集成电路小，其大小只相当于硅片集成电路的十万分之一；它的运转速度更快，比当今最新一代计算机快 10 万倍；它的能量消耗低，仅相当于普通计算机的十亿分之一；它具有生物体的一些特点，具有自我组织、自我修复功能；它还可以与人体及人脑结合起来，听从人脑指挥，从人体中“吸收营养”。

生物计算机将具有比电子计算机和光子计算机更优异的性能。现在，世界上许多科学家正在研制生物计算机，不少科学家认为，有朝一日生物计算机将出现在科技舞台上，有可能彻底实现现有计算机无法实现的人类右脑的模糊处理功能和整个大脑的神经网络处理功能。

4. 纳米计算机

“纳米”是一个计量单位，一个纳米等于 10^{-9} m（1nm＝10^{-9} m），大约是氢原子直径的 10 倍。应用纳米技术研制的计算机内存芯片，其体积不过数百个原子大小，相当于人的头发丝直径的千分之一，内存容量大大提升，性能大大增强，几乎不需要耗费任何能源。

目前，在以不同原理实现纳米级计算方面，科学家们提出电子式纳米计算机技术、基于生物/化学物质与 DNA 的纳米计算机、机械式纳米计算机、量子波相干计算 4 种工作机制。它们有可能发展成为未来纳米计算机技术的基础。

展望未来，计算机的发展必然要经历很多新的突破。从目前的发展趋势来看，未来的计算机将是微电子技术、光学技术、超导技术和电子仿生技术相互结合的产物。第一台超高速全光数字计算机已由英国、法国、德国、意大利和比利时等国的 70 多名科学家和工程师合作研制成功，运算速度比电子计算机快 1000 倍。在不久的将来，超导计算机、神经网络计算机等全新的计算机也会诞生。届时，计算机技术将发展到一个更高、更先进的水平。

1.3　计算机的特点

计算机是一种可以进行自动控制、具有记忆功能的现代化计算工具和信息处理工具。计算机之所以具有很强的生命力，并得以飞速的发展，是因为计算机本身具有诸多特点，具体体现在以下几个方面。

1. 运算速度快

运算速度是计算机性能的重要指标之一。计算机的运算速度指的是单位时间内所能执行指令的条数，一般以每秒能执行多少个百万条指令来描述。现代的计算机运算速度已达到每秒亿亿次，使得许多过去无法处理的问题都能得以解决。

在 2016 年的全球超级计算机 500 强榜单中，中国“神威・太湖之光”的峰值计算速度达每秒 12.54 亿亿次，持续计算速度为每秒 9.3 亿亿次，性能功耗比为 60.51 亿次每瓦，3 项关键指标均排名世界第一。

2. 计算精度高

由于计算机采用二进制数字进行计算，因此可以通过增加表示数字的设备和运用计算技巧等手段使数值计算的精度越来越高。例如，可根据需要获得千分之一到几百万分之一，甚至更高的精度。

3. 存储容量大

计算机具有完善的存储系统，可以存储大量的信息。计算机不仅提供了大容量的主存储器存储计算机工作时的大量信息，还提供了各种外存储器来保存信息，如移动硬盘、优盘和光盘等，实际上存储容量已达到海量。

4.逻辑判断能力

计算机不仅能进行算术运算和逻辑运算，还能对各种信息（如语言、文字、图形、图像、音乐等）通过编码技术进行判断或比较，进行逻辑推理和定理证明，从而使计算机能解决各种不同的数据处理问题。

5.自动化

计算机是由程序控制操作过程的，在工作过程中不需要人工干预，只要根据应用的需要将事先编制好的程序在计算机中输入，计算机就能根据不同信息的具体情况做出判断，自动、连续地工作，完成预定的处理任务。利用计算机的这个特点，人们可以让计算机去完成那些枯燥乏味、令人厌烦的重复性劳动，也可以让计算机控制机器深入人类难以胜任的、有毒有害的场所中作业，这就是计算机在过程控制中的应用。

6.通用性

计算机能够在各行各业得到广泛的应用，具有很强的通用性，原因之一就是它的可编程性。计算机可以将任何复杂的信息处理任务分解成一系列的基本算术运算和逻辑运算，反映在计算机的指令操作中，按照各种规律要求的先后次序把它们组织成各种不同的程序，存入存储器中。在计算机的工作过程中，这种存储的指令序列指挥和控制计算机进行自动、快速的信息处理，并且十分灵活、方便、易于变更，这就使计算机具有极大的通用性。同一台计算机，只要安装不同的软件或连接不同的设备，就可以完成不同的任务。

7.网络与通信功能

目前广泛应用的“因特网”（Internet）连接了全世界200多个国家和地区的数亿台各种计算机。计算机用户可以通过互联网共享网上资料、交流信息。

第 2 章　计算机体系结构

一个完整的计算机体系结构通常由硬件系统和软件系统两大部分组成。其中，硬件系统是指实际的物理设备，主要包括控制器、运算器、存储器、输入设备和输出设备 5 个部分，软件系统是指计算机中的各种程序和数据，包括计算机本身运行时所需要的系统软件，以及用户设计的、用来完成各种具体任务的应用软件。

计算机的硬件和软件是相辅相成的，二者缺一不可，只有硬件和软件齐备并协调配合才能发挥出计算机的强大功能，为人类服务。

2.1　计算机硬件系统

计算机硬件由运算器、控制器、存储器、输入设备和输出设备 5 个基本部分组成，是计算机系统中各种实体设备的总称。上述各基础部件的功能不同：运算器可以执行加减乘除等基本运算；控制器可以自动执行指令；存储器可以存储数据和指令，计算机能区分这两种内容；操作员可以通过输入和输出设备与主机交流信息。二进制是计算机中用来表示指令和数据的编程制度。操作员所负责的工作只需将原始数据和编程程序输入主存储器中，之后的工作由计算机自主完成，一个接一个地取出和执行指令，如此可以排除人力干预程序，节省人力资源。

计算机是一种自动信息处理设备。1946 年美籍匈牙利数学家冯·诺依曼(John von Neumann)提出“存储程序”原理，这一原理也就成为计算机的工作原理，以下是该原理的基本内容。

①运算器、控制器、存储器、输入装置和输出装置是计算机硬件的五个基本组成部分。

②采用二进制作为数据和指令的表现形式。

③与数据一样,程序也预先存储在存储器中。当计算机工作时,它按一定的顺序从存储器中取出指令并执行它们。

"存储程序"原理决定了计算机的基本组成和工作方式。下面是采用冯·诺依曼体系结构的计算机硬件系统。

2.1.1 中央处理器

中央处理器(central processing unit,CPU)是计算机系统的核心设备,又称中央处理单元。它一般存在于一块芯片上,主要结构由运算逻辑部件、控制器和一些寄存器组成。计算机以 CPU 为中心,由 CPU 控制输入输出设备与存储器之间的数据传输和处理。微型计算机的中央处理单元也称为微处理器。

CPU 的性能指标主要有如下几点。

①字与字长。"字"(word)是计算机中 CPU 进行数据处理的基本单元,是作为整体单元进行运算、处理和传送过程的一串二进制数字。通常,计算机数据总线所包含的二进制位数称为字长。计算机的数据处理能力和字长直接相关。字长越长,单次可以处理的二进制位就越多,运算速度和精度就越强。

②主频。主频是 CPU 时钟频率。主频是表征运行速度的主要参数。主频越高,一个时钟周期内完成的指令越多,CPU 运行速度就越快。

③外频。外频即时钟频率,是指 CPU 的外部时钟频率,CPU 与内存之间数据交换的速度受这一条件的控制。

④地址总线宽度。地址总线宽度决定 CPU 可以访问的物理地址空间。

⑤数据总线宽度。数据总线控制整个系统的数据流大小。它的宽度决定了 CPU 和二级高速缓存、内存以及输入输出设备之间单次传输的信息量。

2.1.2 主存储器

主存储器是计算机存储各种数据的部件。主存储器以功能和性能区分有随机存储器(RAM)和只读存储器(ROM)两种。

1. 随机存储器

随机存储器(random access memory,RAM)也称为读写存储器,可以读或写。写入时会修改原始存储内容,读取时则不会。断电后,存储的内容立即消失,也就是说,它是具有很强的易失性的。RAM 可分为动态和静态两种。动态随机存储器(DRAM)采用 MOS 电路和电容作为存储元件。所谓动态就是因为采用了电容这种放电元件,它需要定期充电来确保存储内容无误,如每 2 毫秒刷新一次,即使有着这样的不方便性,DRAM 依旧被人们采用,其原因是它具有集成度高的特点,主要用于大容量存储器。静态随机存储器(SRAM)使用双极电路或 MOS 电路的触发器作为存储元件,DRAM 所需的刷新过程被取消,只要接上电源就能稳定地进行数据存储,具有存取速度快的特点,主要用于高速缓存。

2. 只读存储器

只读存储器(read only memory,ROM)只能进行对原始内容的读取,不能重新写入。它的原始存储内容由制造商一次性写入并永久存储,存储信息不会因关机丢失。ROM 可分为可编程只读存储器(PROM)、可擦除可编程只读存储器(EPROM)和可电擦除可编程只读存储器(EEPROM)。

可编程只读存储器(programmable read only memory,PROM)有着和只读存储器相同的性能,即原始写入内容不会丢失且不能够被替换。而区别于 ROM 的是,PROM 的原始信息写入方并非制造商,而是用户自己。根据需求在芯片中将不需要更改的程序或数据刻录下来,这就是可编程的意思,但这种可编程是一次性的。

可擦除可编程只读存储器(erasable programmable read only memory,EPROM)也有着只读存储器的功能。但同时它也有着可写入的特性,它的内容可利用紫外线擦除器进行擦除反复重新写入新的期望内容。它的内容是可以反复更换的,且在运行中不易丢失。这种读写灵活的特性使它有利于用户使用。

电可擦除可编程只读存储器(electrically erasable programmable read only memory,EEPROM),它在 EPROM 的基础上有着擦除和编程更方便、更快捷的特性,但功能上与前者没有区别。

同时,在 CPU 运行速率方面,在 CPU 与主存储器之间增加一个容量小但速度快的高速缓冲器 cache 来解决二者之间的矛盾。当 CPU 需要对程序或数据进行访问时,可首先从缓存中进行搜索,如搜索失败则前往主存储器读取数据并将数据写回缓存。因此 cache 的增设提高了系统的运行速度。

2.1.3 外存储器

外存储器又称辅助存储器,作用是数据和信息的长期存储。外存储器主要由硬盘存储器、光盘存储器、闪存和 U 盘组成。

①硬盘存储器。我们通常所说的硬盘实际上由两个部分组成:一部分是硬盘的盘片;另一部分是控制硬盘读写的硬盘驱动器。不过,硬盘盘片封装在硬驱中,从外观上看,两者是一体的。和软盘不同,硬盘一般由多个圆形的镁铝合金盘片组成,每个盘片表面都覆有磁性材料,用以记录数据。硬盘的所有盘片通过主轴连接在一起,工作时所有盘片沿着主轴高速旋转。每个盘片的表面都有一个读写磁头,可在驱动电路的控制下沿着磁盘表面径向移动,读写数据。硬盘中,每个盘片以主轴中心为圆心,被均匀地划分为若干个半径不等的同心圆,称为磁道。不同盘片的表面上,半径相同的磁道在垂直方向构成同心圆柱,称为柱面。盘片表面的磁道又被等分成若干弧形扇区。各种数据被记录在这些扇区上,每个扇区都可以记录固定字节的数量。

硬盘盘片的大小经历了一个发展的过程:早期直径较大,为 5.25 英寸;目前常见的直径为 3.5 英寸、2.5 英寸和 1.8 英寸等。随着技术的进步,硬盘的存储容量也越来越大,价格越来越便宜,目前微机配置的硬盘容量一般都有数百 GB,甚至更多。

硬盘在使用前应进行低级格式化、分区和高级格式化的操作,建立起磁道、扇区等数据记录的区域。硬盘在出厂前通常已做过低级格式化,用户在第一次使用前需做分区和高级格式化操作。对已经存有数据的硬盘进行分区和格式化操作应慎重,因为这些操作将会导致硬盘中原有数据的丢失。

②光盘存储器。光盘也是一种常见的数据存储介质。它的优点是存储容量相对较大,盘片成本低廉,读取速度相对较快,盘片和光盘驱动器分离,因而便于携带;缺点是只能读出,不能随时写入。因此光盘常用作电子出版物、商业软件、多媒体资料的发行介质。

从工作原理上看,光盘存储系统由光盘盘片和光盘驱动器两个部分组成。各种数据记录在光盘盘片上,但这些数据需要通过光驱才能被计算机读出并进行处理。目前光驱已成为微机的基本配置,每台微机都会配置光驱。

在光盘上记录数据要通过激光烧录的方式进行。在光盘的基板上涂有一层有机染料，当光盘进行烧录时，激光在该染料层上烧录出一个接一个的“坑”，这样有“坑”和没有“坑”的状态就分别形成了“0”和“1”的信号。在利用光驱读取数据时，用激光去照射旋转着的光盘，从有“坑”和没有“坑”的地方得到的反射光的强弱是不同的，光驱据此判别是“0”还是“1”。因此光盘是利用光信号记录数据的。

一般而言，光盘是只读的，原因在于烧录在光盘上的“坑”是不能恢复的；也就是说，当“坑”烧成后将永久性地保持现状。现存计算机系统中使用的光盘主要有只读光盘(compact disc，CD-ROM)、一次写入光盘(CD-recordable，CD-R)和可重写刻录型光盘(CD-rewritable，CD-RW)三种。只读型光盘只能写入一次，信息由制造商在制造时写入。写入后，信息将永久保存在CD上不可更改；一次写入型光盘也是只能写入一次且不能对其进行擦除或修改。因此，也称为一次写入和多次读取。可重写刻录型光盘则突破了以上两种光盘的局限可以将信息进行重新刻录，但价格较高。在光盘上烧录数据需要使用特殊的光盘刻录机，不能利用光盘驱动器写入数据。

目前光盘可被分为CD-ROM和DVD-ROM两类，两者记录数据的原理是相同的，但记录数据的容量不同：一张CD-ROM光盘通常可以存储650MB的数据；而一张DVD-ROM则可以记录4.7GB的数据。在CD-ROM，DVD-ROM上记录和读取数据的激光束的特性是不同的，因此光驱也是不同的。

光驱读取光盘的速度通常用倍速来衡量，但倍速的含义对于CD-ROM和DVD-ROM是不同的：对于CD-ROM而言，单倍速光驱的读出速度是150KB/s，因此X倍速的光驱的读出速度是150XKB/s；对于DVD-ROM而言，单倍速光驱DVD光驱的读出速度约为1350 KB/s，因此X倍速光驱的读出速度是1350XKB/s。随着技术的进步，光驱的读出速度越来越快，CD-ROM光驱读出速度已经超过50倍速，DVD-ROM光驱的读出速度也达到16倍速。

只读光盘不能满足计算机用户存储数据的需要，目前市场上也有允许用户写入的光盘。但同软盘、硬盘等存储设备相比较而言，可记录光盘的写入是受限的，只能通过专门的光盘刻VD+R，刻录机来刻录数据。目前可记录光盘的类型主要有CD-R，CD-RW，DVD-R，DVD+FDVD-RW，DVD+RW，DVD-RAM等。其中，CD-R，DVD-R，DVD+R是一次可写型光盘(也就是说，不能用来反复刻录数据)；而CD-RW，DVD-RW，DVD+RW，DVD-RAM是可多次刻录数据的可擦写光盘。DVD-R，

DVD-RW同DVD+R,DVD+RW的区别在于使用了不同的格式标准。

由于光盘的读出和刻录需要使用不同的设备,给用户造成不便,目前市场上出现了一种称为Combo的集成光盘设备,可以进行CD-ROM和DVD-ROM的读取,也可以完成对CD-R以及CD-RW的刻录。

③闪存和U盘。闪存(flash memory)是一种可重写的半导体存储器,即EEPROM,具有RAM存储速度快和ROM不易丢失的特点。U盘虽然也被称作"盘",但其外形并非是盘片形。U盘是目前最方便携带的移动存储设备,已经完全取代了软盘的作用(软盘基本上被淘汰)。

U盘不是利用光磁介质存储数据的设备,其存储数据的介质是半导体芯片。采用半导体存储介质,可以把U盘做得很小,便于携带。与硬盘等存储设备不同,U盘没有机械结构,不怕碰撞,也没有机械噪声;与其他存储设备相比,U盘的耗电量很小,读写速度也非常快。

如果打开U盘,就会发现它的内部组成并不复杂,即在一块较小的印刷电路板上安插着两种芯片:一种是USB接口控制芯片;另一种是闪存存储芯片,数据就记录在闪存存储芯片中。

目前常见的U盘按照容量可分为1GB,2GB,4GB和8GB等不同的类型。

2.1.4 输入设备

输入设备是人们向计算机输入程序和数据的一类设备。目前,常见的微型计算机输入设备有键盘、鼠标、光笔、扫描仪、数码照相机及语音输入装置等。其中,键盘和鼠标是两种最基本的、使用最广泛的输入设备。

键盘是计算机最基本的输入设备。键盘上的按键通常分成打字键盘区、功能键盘区、数字小键盘区和屏幕编辑键盘区四个区域:打字键盘区是其中最大的一个区域,也是最常用的一个区域,字母、数字以及一些常用的符号都通过该区域的按键进行输入。功能键区位于键盘的上方,按键上标有F1,F2,……,F12等字样,功能由具体的软件定义。在不同的软件中,按同一个功能键所完成的功能可能不同,但是大多数软件都将F1键的功能定义为获取帮助。数字小键盘区是一组数字键快速输入的区域。位于这个区域的按键同时有输入数字和屏幕编辑两种作用。屏幕编辑键盘区包括光标移动键、翻页键,主要用于在文字处理中移动光标位置和编辑、修改正在处理的文本。

鼠标也是计算机目前必备的输入设备。在操作图形用户界面时,鼠标拥有键盘所不能替代的便捷性。鼠标是一种指点设备,通常有两三个按键,可以很方便地用来在显示器上定位。用户在桌面上用手移动鼠标,在屏幕上会表现为光标的同步移动。用户经常用这样的手段把光标移动到屏幕上的特定位置,并进行相应的操作。鼠标的常见操作包括移动、单击、双击以及拖动:移动鼠标指用手在桌面上移动鼠标;单击鼠标指按动鼠标按键一次;双击指快速连续按动鼠标按键两次;拖动鼠标指按住鼠标按键并移动鼠标。目前双键鼠标上的左、右两键之间也常装有一个滚轮,用于浏览屏幕内容的滚动。

根据原理的不同,鼠标可分为光学鼠标、机械鼠标和光学机械鼠标。为了避免鼠标线缆给鼠标使用带来的不便,目前市场上也有不少使用无线连接技术的无线鼠标可供用户选择使用。

2.1.5　输出设备

输出设备是计算机输出结果的一类设备。目前,常见的微型计算机输出设备有显示器、打印机、绘图仪等。其中,显示器和打印机是最基本的、使用最广泛的输出设备。

1. 显示器

显示器是微机最基本的输出设备,也是微机的必备设备。用户可以通过显示器所显示的信息,了解自己的工作状况、程序的运行状况以及运行结果。根据显示原理的不同,显示器主要分为阴极射线管显示器和液晶显示器,其中液晶显示器体积小、重量轻、厚度薄、功耗低、电磁辐射小、不闪烁,长期使用对眼睛的损害比阴极射线管显示器小。目前液晶显示器正逐渐取代阴极射线管显示器,成为微机的标准配置。

显示器上最基本的显示单位一般称为像素。无论液晶显示器,还是阴极射线管显示器,所显示的每帧图片都是由若干像素组成的阵列形成的。分辨率是评价显示器性能的一个常用指标,指的是显示屏在水平和垂直方向上可以显示的最大像素数。例如,某显示器的分辨率是 1024×768,含义是该显示器可在垂直方向上显示 1024 个像素,在水平方向上显示 768 个像素。通常分辨率越高,显示屏可以显示的内容越丰富,图像也越清晰。目前的显示器一般都能支持 800×600、1024×768、1280×1024 等规格的显示分辨率。显示器的另一个技术指标是点距,指的是显示屏上两个相邻像素之间的距离。点距越小,图像越清晰,细节越清楚。常见的点距有 0.21mm、

0.25mm 和 0.28mm 等，目前市场上常用的是 0.28mm 点距的显示器。

2. 打印机

打印机也是一种常见的输出设备。根据打印原理的不同，一般可将打印机区分为击打式打印机和非击打式打印机：击打式打印机靠机械动作实现印字功能，打印速度慢，噪声大但成本低，如点阵式打印机目前已不多见。非击打式打印机靠电、磁或光学作用实现印字功能，没有机械动作，分辨率高，噪声小但成本高。目前常见的打印机均属于非击打式打印机，包括喷墨和激光打印机。

打印机的打印质量通常用打印分辨率来衡量。打印分辨率指的是在每英寸范围内可以打印的点数，单位是 dpi。例如，某打印机的分辨率是 9600dpi，含义是该打印机在每英寸范围内可以打印 9600 个点。一般而言，分辨率越高，打印效果越好。打印机的打印速度常用每分钟打印的页数衡量，单位是 ppm。由于每页的打印量并不完全一样，所以这个数字不一定准确，只是一个平均数字。例如，某打印机的打印速度为 25ppm，含义是该打印机每分钟可以打印 25 页。

2.1.6 主板和总线

每台微型计算机的主机箱内部都有一块较大的电路板，称为主板。微型计算机的中央处理器芯片、内存储器芯片（又称内存）、硬盘、输入/输出接口以及其他各种电子元器件都是安装在这个主板上的。

为了实现中央处理器、存储器和外部输入/输出设备之间的信息连接，微型计算机系统采用了总线结构。所谓总线（又称 BUS），是指能为多个功能部件服务的一组信息传送线，是实现中央处理器、存储器和外部输入/输出接口之间相互传送信息的公共通路。按功能不同，微型计算机的总线又可分为地址总线、数据总线和控制总线 3 类。

地址总线是中央处理器向内存、输入/输出接口传送地址的通路，地址总线的根数反映了微型计算机的直接寻址能力，即一个计算机系统的最大内存容量。例如早期的 Intel 8088 型计算机系统有 20 根地址线，直接寻址范围为 220B～1MB；后来的 Intel 80286 型计算机系统地址线增加到了 24 根，直接寻址范围为 224B～16MB；再后来使用的 Intel 80486 型、Pentium（奔腾）计算机系统有 32 根地址线，直接寻址范围可达 232B～4GB。

数据总线用于中央处理器与内存、输入/输出接口之间传送数据。16

位的计算机一次可传送 16 位的数据，32 位的计算机一次可传送 32 位的数据。

控制总线是中央处理器向内存及输入/输出接口发送命令信号的通路，同时也是内存或输入/输出接口向微处理器回送状态信息的通路。

总线有三个性能指标。

①总线带宽是指每单位时间在总线上可以传输的数据量，即每秒传输的字节数。它与总线的位宽和工作频率有关。

②总线位宽是指总线可以同时传输的数据位数，即数据总线的位数。

③总线工作频率又称总线时钟频率，以兆赫(MHz)为单位，总线带宽越宽，总线工作频率越高。

通过总线，将微型计算机中的处理器、存储器、输入设备、输出设备等各功能部件连接起来，组成了一个整体的计算机系统。需要说明的是，上面介绍的功能部件仅仅是计算机硬件系统的基本配置。随着科学技术的发展，计算机已从单机应用向多媒体、网络应用发展，相应的音频卡、视频卡、调制解调器、网络适配器等功能部件也是计算机系统中不可缺少的硬件配置。

2.2　计算机软件系统

2.2.1　软件系统的组成

软件系统和硬件设备一样都是计算机体系结构的重要组成部分。软件系统未被安装的计算机称为裸机，计算机能够进行工作发挥性能是依赖着二者共同作用的。软件是提高和放大计算机使用效率和功能的各种程序、数据和文档的总称。程序(program)是为解决某一问题而设计的一系列指令或语句的有序集合；数据(data)是程序处理的对象和结果；文档(document)是描述程序执行和使用的相关信息。软件系统的配置是否完善直接决定了计算机的性能发挥。计算机软件按用途分为系统软件和应用软件两大类。

所谓系统软件是指管理、监控、维护计算机硬件资源和软件资源并使之高效工作的软件。例如，系统软件提供字符的输入、显示以及打印功能，磁盘文件的建立、删除功能，等等。有了这些基本功能，用户可以很方便地使用计算机,软件开发人员可以很容易地开发出各种其他软件,而不需要自己考虑过多的硬件细节。系统软件通常包括操作系统(operating system,OS)、设备驱动程序、实用程序、高级程序设计语言的编译、解释程序以及数据库管理系统(database management system,DBMS),等等。系统软件,尤其是操作系统处于计算机软件系统的核心地位,其他软件都要在其支持下才可以运行。

所谓应用软件是指用户为了解决某些特定问题而开发、研制或购买的各种软件。典型的应用软件包括文字处理软件、财务管理软件、电子表格软件、演示文稿制作软件和图像处理软件等。应用软件要在系统软件的支持下才可以运行。应用软件的开发人员通常无须自己操作各种硬件资源,而是通过系统软件提供的功能来使用计算机资源。在购买计算机时,计算机通常都已经安装了各种系统软件,但通常不会安装应用软件,用户可以根据需要购买并安装各种应用软件。例如,财会人员会选择购买、安装财务软件来完成财务处理工作。

根据相互之间的依赖关系,裸机、系统软件、应用软件构成了一种层次关系。裸机处于最底层,系统软件要依赖裸机执行,并为应用软件提供支持,便于应用软件和计算机用户高效使用硬件资源。

2.2.2 操作系统

操作系统是一个管理计算机系统中各种软件资源和硬件资源的系统软件程序;同时,也为用户使用计算机提供了一个方便、有效、安全、可靠的工作环境。

通常可以从两个角度看待操作系统:(1)从资源管理的角度看,操作系统管理着计算机系统中的各种硬件资源和软件资源,使它们相互配合,协调一致地进行工作。操作系统追求的目标是合理调度、分配计算机的各种资源,最大限度地提高系统中各种资源的利用率。(2)从服务用户的角度看,操作系统给计算机用户提供了一个方便、友好的工作环境,在计算机用户和裸机之间架起了一道桥梁。

作为计算机系统中各种资源的管理者,操作系统的功能主要体现为:

1. 管理中央处理器

目前的操作系统多数都被设计成多任务操作系统,也就是说,计算机中同时有多个处在运行状态的程序。一般把处在运行状态的程序称为进程。

由于目前的微机大多只有一个微处理器，在多任务操作系统中，就存在多个进程竞争使用处理器的问题，因为任何一个时刻，微处理器只能选择一个进程执行，在某个时刻，哪个进程可以使用微处理器并使自己得到执行，哪个进程必须等待，都归操作系统管理。操作系统一方面要保证处理器高效运转，另一方面也要保证各个进程得到公平的对待和服务。

2. 管理存储器

存储器也是计算机系统中的紧缺资源。目前计算机系统都遵循存储程序原理，所有运行中的程序及其处理的数据都必须放在内存中。内存空间的分配、共享、扩充和保护是存储器管理的主要任务。它不仅为用户提供存储空间，还支撑着系统能够同时运行多道程序，提升了存储空间的利用率和利用效率。它的主要功能有以下四项。

①内存分配：遵从一定策略对系统内存进行分配；

②存储共享：使内存中的多个用户程序共享存储资源，提高内存利用率；

③内存保护：保证每个程序在各自的内存区内运行，避免互相干扰，产生冲突；

④内存扩展：要能够实现大型作业或多作业共同运行，就要求一定的虚拟内存技术实现内存增加。

3. 管理设备

操作系统也决定着程序如何有序地使用各种输入输出设备。管理各种外围设备是设备管理的主要任务，它基本与输入/输出有关，完成用户发送的请求内容，加快内容传输速度，充分发挥其设备的并行性，提高设备的利用率，并为每种设备提供驱动程序和中断处理程序，为用户提供方便，简化硬件应用，使用户能够更简便地实现设备的应用。设备管理有如下主要功能。

①配置：按一定的原则分配设备。一般来讲，需要利用缓冲技术和虚拟技术帮助设备与主机并行工作；

②传输控制：实现对物理 I/O 设备的控制，即设备的启动、中断、结束等。

4. 管理文件

操作系统以文件为单位管理各种软件和数据资源。所谓文件指的是位于存储设备上的命名数据(或指令)集合。用户的数据和程序都可以文件的形式存储在外存上，因此文件可以进一步分为程序文件和数据文件。操作系统将位于硬盘等设备上的各种文件组织成为文件系统并进行管理和维护，使得用户可以很方便地在硬盘等外存上建立、删除文件等。操作系统也决定着如何充分利用硬盘等辅助存储器的存储空间，如何给文件分配外存空间和回收已被删除的文件所占用的空间，等等。

作为用户使用计算机的桥梁，操作系统为用户提供了一个使用计算机的界面，通过这个界面，用户可以很容易地运行自己想运行的程序、以文件的方式管理各种数据和程序，等等。早期的操作系统提供的是字符界面；目前的操作系统所提供的界面多为图形界面，在图形界面中，操作系统通过图标、按钮、对话框等图形元素与用户进行各种对话。

目前常见的操作系统主要有微软公司开发的 Windows 系列软件。另一个被广泛使用的系列操作系统是 Linux。同 Windows 操作系统不同，这是一个由自由软件基金会所支持开发的免费操作系统。

根据功能的不同，操作系统通常被分成桌面操作系统和服务器操作系统：桌面操作系统面向个人使用；而服务器操作系统面向的则是能为处在网络中的其他用户提供各种服务的计算机。

5. 用户接口

用户接口是操作系统实现人机交互的媒介，主要有命令接口、程序接口和图形接口三种。这是为了能够帮助用户更好地使用计算机软硬件，实现计算机功能的一个方便和灵活的形式。

①命令接口：用户利用存在的一组命令直接或间接地控制自己的工作；

②程序接口：为用户程序和其他系统程序提供一组系统调用；

③图形接口是一种以图形方式存在的命令接口。

6. 网络与通信管理

随着信息技术和计算机技术的共同发展，如今的我们早已享受到了互联网所提供的便利。计算机走入千万家，互联网又将这些机器连接在一起，真正实现了无障碍远距离、多群体的信息交流。纵观通信技术的发展历史，从单机与终端的连线到成千上万台仪器的联网，网络通信走过了飞跃一般的路程，管理功能也日渐强大。具体的网络与通信管理功能有如下几点。

①网络资源管理：实现资源共享是互联网的主要目的之一。因此网络操作系统要帮助用户实现在线资源共享，管理用户访问与获取，保证信息资源的安全、无损；

②数据通信管理:计算机接入网络后,用户可以通过使用通信软件向其他用户进行数据传输和通信。但需要根据通信协议的规定进行网络上的信息传输;

③网络管理:包括安全管理、性能管理、故障管理、统计管理和配置管理。

2.2.3　设备驱动程序

设备驱动程序是用于控制和存取设备的程序。由于外部设备五花八门,每种设备的原理、功能各不相同,从而存取这些设备的方法也不尽相同。因此在开发操作系统时,也不大可能开发出针对每种设备的存取、控制程序。当安装了某些操作系统不能识别的设备时,该设备就不能正常工作,这通常通过安装设备驱动程序的方式解决。设备驱动程序提供了对该类设备进行读写和控制的方法。在安装了设备驱动程序之后,操作系统就可以通过设备驱动程序提供的服务进一步管理和控制各种设备。

不同设备的存取方法不同,因而需要使用不同的设备驱动程序。例如,打印机需要打印机驱动程序;光盘驱动器需要使用光盘驱动程序;鼠标也需要鼠标驱动程序。很多时候,即使是同类设备的不同型号,也需要不同的设备驱动程序。一般而言,设备生产厂商在提供设备的同时也会提供相应的设备驱动程序。

为了方便用户使用,操作系统中会包含一些常用设备的驱动程序。对于这些设备,用户即使不安装相应的设备驱动程序,也可以正常使用;但有时候,由于操作系统提供的设备驱动程序和设备不完全匹配,会导致所安装的设备不能发挥出最佳性能。

即使成功安装了设备驱动程序,在系统中添加新设备也不是一件轻而易举的事情,因为要使设备正常工作,常常还需要对设备做一些参数的配置工作,这样才可以使该设备和系统中已有的设备协调工作,不会发生资源冲突。可是正确配置这些参数,需要了解计算机和设备的许多技术细节,普通用户常常会感觉到难以应付。目前这一问题已通过即插即用(plug and-play,PnP)标准的确立得到了解决。凡是支持该标准的设备接口卡在安装时,只要操作系统、微机主板也支持即插即用标准,则参数的配置会由计算机自动完成,从而解决了用户配置设备的困难。目前常用的微机和 Windows 操作系统都支持即插即用标准。

2.2.4 实用程序

实用程序可视为是操作系统的一种补充，主要为用户提供一些在计算机操作过程中经常需要使用但未被操作系统所涵盖的功能。例如，磁盘在使用以前通常需要进行格式化操作，而完成磁盘格式化功能的程序就是一个典型的实用程序。又如，在硬盘使用之前通常要进行分区操作，硬盘分区程序也是一个实用程序。此外，一些完成数据备份和恢复等功能的程序都可以视作实用程序。

实用程序和操作系统的界限是很模糊的。操作系统提供商在推出操作系统时，通常会同时提供硬盘分区、磁盘格式化、数据备份和恢复、系统检测、磁盘碎片整理这样的实用程序。也有一些实用程序是由一些第三方软件公司开发的。例如，由赛门铁克(Symantec)公司开发的诺顿(Norton)工具软件就是一款可以在 Windows 平台上运行的实用程序，用于帮助用户修复磁盘错误或从损坏的磁盘上恢复数据等。又如，Winzip 等共享软件也属于实用程序，可以完成数据的压缩和解压缩处理。

2.2.5 程序设计

当计算机用户希望计算机完成某项工作，但又没有可以完成该工作的软件时，只能自行开发或委托软件开发人员去开发相应的软件。因此计算机系统需要提供相应的软件开发工具，允许用户或程序员利用这些工具开发相应的软件。软件开发工具实际上提供了增强计算机处理能力的手段。

程序员编写程序和开发软件需要使用程序设计语言。程序设计语言是一种形式语言，为程序员提供了一套标准的基本语句和形式语法。程序员可以利用这些语句，遵循所规定的语法，编写完成具有特定功能的程序。之所以被称为“语言”，是因为程序设计语言充当了程序员和计算机之间的交流工具。程序员将自己的意图用程序设计语言写成“文章”(即程序)，而计算机通过阅读、理解这样的“文章”，获知程序员的意图，并完成程序员所要求的工作。

在计算机发展的早期，程序员要使用机器语言来编写程序。机器语言指的是由 CPU 所提供的指令系统。程序员利用指令系统中的指令编写程序，机器语言中的指令均为 0 和 1 组成的二进制代码，CPU 可以直接读入这些二进制指令并执行，因此用机器语言写的程序可以直接执行，无须任何处理。但是机器指令用二进制表示，非常难以记忆，用机器语言编写的程序也很难阅读，不利于程序员开发较为复杂的程序。

为了便于程序员记忆及阅读，人们引入了“汇编语言”的概念。汇编语言将二进制机器指令进行符号化，将其中的操作码以及地址码改用英文字符缩写（如用ADD表示加法的操作码），远比二进制代码容易记忆。同时，用汇编语言编写的程序，可读性也比机器语言程序好得多。

同机器语言相比，汇编语言的出现为程序的编写、阅读和调试提供了便利。但是汇编语言同机器语言没有本质的不同，它只是机器语言的简单符号化。程序员利用汇编语言编写程序，仍然不是一件很轻松的事情。首先，汇编语言、机器语言和具体的CPU有关，CPU不同，指令系统就不同；也就是说，它所支持的机器语言和汇编语言也不同。这样，程序员为不同的计算机编写程序，就需要学习不同的机器语言或汇编语言；同时，即使完成同样任务的汇编语言或机器语言程序，也不能直接移植到其他的机器上执行。另外，程序员利用汇编语言和机器语言编写程序，需要了解机器的硬件细节。在汇编语言中，将数据放在何处？是在寄存器中，还是在存储器中，都需要程序员自己决定，这使得一些缺乏硬件知识的人员无法进行程序设计工作。

由于上述原因，程序员需要更加容易使用的程序设计语言。BASIC，Pascal，C等所谓高级语言就是在这样的需求下产生的。高级语言尽量使用人类语言中的词汇表示需要机器完成的动作和要处理的数据。例如，在BASIC语言中，单词print被用来表示在显示器上显示或在打印机上打印信息。正因如此，高级语言易于学习，用高级语言编写的程序也易于理解和阅读。高级语言同汇编语言有着本质的不同：汇编语言只对机器语言做了简单的符号化，语句同机器语言指令间有着简单的对应关系；而高级语言同机器语言之间缺乏这种简单对应关系，一条高级语言语句所能完成的工作可能需要十几条乃至几十条机器指令才可以完成。此外，高级语言同具体的计算机无关，利用高级语言写的程序可以很容易地在不同的计算机之间进行移植。由于高级语言把存储单元、寄存器等硬件部件隐藏起来，程序员即使没有有关的硬件知识，也可以编写出程序。为了同高级语言相区别，汇编语言和机器语言一般被认为是低级语言或面向机器的语言。

目前提出的高级语言不下百种，并且，高级语言的种类也在不断丰富，出现了面向对象的程序设计语言。随着这些语言的出现，大型软件的开发时间也变得越来越短。

根据前文对计算机工作原理的了解，我们知道CPU只能读取和执行二进制机器指令；换句话说，计算机所能“理解”的唯一语言是机器语言。由于汇编语言对二进制指令进行了符号化，尽管汇编语言指令与机器语言对应关系简单，但CPU并不能识别这些符号的含义，也不能执行这些符号化的指令。因此，用汇编语言编写的程序并不能直接执行，必须首先被转换成机器语言代码，才能在机器上执行。把汇编语言程序转换为机器语言代码的过程一般称为汇编，能够完成汇编任务的程序被称为汇编程序。因此，如果程序员希望利用汇编语言编写程序，首先应该在计算机上安装汇编程序，利用汇编程序将自己编写的程序汇编成机器代码后，才能在机器上执行。相对于汇编的过程，程序员用汇编语言写的程序被称为源程序，汇编后的程序通常被称为目标程序。汇编程序的任务就是把汇编语言源程序转换成机器语言目标程序。

对于利用高级语言编写的源程序也是这样。计算机不能“理解”汇编语言，当然更不能“理解”C语言等高级语言，因此用高级语言写的程序要在机器上执行，同样也要进行“翻译”处理。把高级语言源程序翻译成机器语言目标程序，有两种方式：一种称为编译；另一种称为解释。编译的过程同汇编的过程类似。当程序员写完高级语言源程序后，就交给编译程序去翻译，编译程序会首先检查源程序中是否包含错误。若有错误，就返回给程序员继续修改；若没有错误，就把源程序翻译成机器语言目标代码。在成功得到目标代码后，就可以在机器上执行目标代码程序并产生程序员所期望的运行结果。编译过程和汇编过程的区别在于其复杂性，由于高级语言语句和机器语言中的指令没有简单的对应关系，因此编译过程要比汇编过程更加复杂。

有的高级语言要求按照解释的方式执行；对于这样的高级语言，源程序写完后要交给解释程序去翻译、执行。和编译程序不同，解释程序并不试图把整个源程序翻译成目标程序后再执行目标程序。解释程序首先读入源程序的第一条语句，检查是否有错误，若没有错误，则将其转换成目标代码，并立即执行所得到的目标代码；接着再读入源程序中第二条语句，执行同样的过程；如此继续，直到处理完源程序的最后一条语句。此时对整个源程序而言，每条语句都被翻译成二进制目标代码并执行。解释程序结束后，通常也不会产生一个目标代码程序（解释过程中所产生的目标代码并不会被保存），因此若想再次执行，还必须遵循同样的过程，把源程序交给解释程序去翻译并执行。可以看出，解释程序不仅进行翻译工作，在翻译过程的同时也执行了所翻译的程序；而编译程序的工作则相对单纯，它只进行翻译工作。同时，由于解释程序最终没有产生一个目标代码程序，因此每次执行都需要源程序，而编译程序会产生一个完整的目标代码程序。编译完成后，源程序不再重要，执行时只需要目标代码程序。从执行效率而言，编译的工作方式优于解释的执行方式，因为编译后的程序执行时不再有翻译的过程。但从调试程序的角度看，解释的工作方式则比较方便。目前大多数高级语言都是编译型语言，例如 Pascal，C，C＋＋等；少数为解释型语言，如 Perl 语言。BASIC 语言传统上属于解释型语言，不过目前基本上已经被改造为编译型语言。

随着软件技术的进步，程序设计变得越来越方便。除了这些编译程序、解释程序外，目前计算机上也提供了各种各样的集成式开发环境(integrated development enviroment，IDE)。这些集成式软件开发环境不仅仅提供编译程序的功能，也提供友好的编辑环境，协助程序员编写源程序，还提供各种程序调试手段，使得程序员很容易地发现并排除程序中的错误。例如，微软公司开发的 Visual Studio 系列就是这样的集成式开发环境。

第3章 计算机科学与技术的核心概念

3.1 算法

3.1.1 算法的概念

算法的研究可以追溯到公元前300多年，算法的中文名称出自《周髀算经》，英文名称algorithm源于9世纪波斯数学家比阿勒·霍瓦里松的名字al－Khwarizmi，他首先在数学上提出了算法这个概念。第一个算法是爱达(Ada Byron，1815—1852)于1842年为巴贝奇分析机编写求伯努利方程的程序，因此她被称为世界上第一位程序员。由于巴贝奇最终未能完成他的巴贝奇分析机，这个算法最终未能在巴贝奇分析机上执行。20世纪图灵提出了图灵机，并提出一种假想的计算机抽象模型，图灵机解决了算法定义的难题，对算法的发展起到了重要的作用，使得大多数算法都可以转换为程序交给计算机执行，原来认为依靠人力完成的算法也变得可行，由此拉开了算法研究和应用的帷幕。

计算机算法可以描述为一系列解决问题的清晰指令，也就是说，针对规范的输入，在有限时间内获得所要求的输出。算法是用描述语言来描述的程序，而程序则是用计算机所能接受的语言编写的算法，所以说算法是程序设计的基础。计算机算法可以分为两大类：数值运算算法和非数值运算算法。数值运算的目的是求数值解，例如求方程的解，求一个函数的定积分等,都属于数值运算范围。非数值运算包括的面十分广泛,常见的应用是在事务管理领域,例如图书检索、人机对弈和人事管理等。按照计算方式进行分类,则可分为串行算法和并行算法,还可以分为确定型算法、非确定型算法、交错型算法、随机型算法等。

设计一个算法时应具备以下五个特性:

①有穷性:一个算法应该包含有限的操作步骤,而不能是无限的,就是说要解决的问题必须有一个最终的答案。在设计程序时要注意设置合理的循环终止条件。

②确定性:算法的每个步骤应当是确定的,不应使读者在理解时产生二义性,且在任何条件下,算法只有唯一的一条执行路径,即相同的输入只能得到相同的输出。

③有零个或多个输入:所谓输入是指在执行算法时,计算机需要从外界取得必要的信息,一般是用来刻画运算对象的初始情况的。

④至少有一个输出:算法的目的是求解。一个算法得到的执行结果就是算法的输出,没有输出的算法是毫无意义的。

⑤有效性:算法中每个步骤都应当能有效地执行,并得到确定的结果。例如,若 b=0,则语句“c=a/b;”不能有效执行。有效性又称可行性。

3.1.2　算法的表示

1. 用自然语言表示算法

自然语言是人们日常使用的语言,用它来表示算法通俗易懂,但文字表述长,且容易出现理解歧义。自然语言表示的含义一般不太严格,需根据上下文才能判断其正确的含义。用自然语言描述顺序执行的步骤比较好懂,但如果算法包含分支和循环时,就不直观清晰了。因此,除了很简单的问题外,一般不用自然语言描述算法。

2. 用流程图表示算法

流程图表示方法是用标准的图形符号描述算法的操作过程,直观形象,容易理解,也避免了人们对非形式化语言的理解差异。

为了提高算法质量,使算法的设计和阅读方便,需要规定流程只能顺序执行。1966 年,Bohra 和 Jacopini 提出了三种基本结构:顺序结构、分支结构和循环结构,用这三种基本结构作为表示一个良好算法的基本单元,任何复杂的算法结构都可以由基本结构的顺序组合来表示。

3.用 N－S 流程图描述算法

1973 年美国学者纳斯(I. Nassi)和施内德曼(B. Shneiderman)提出了一种新的流程图形式。在这种流程图中,完全去掉了带箭头的流程线,全部算法写在一个矩形框内,这种流程图称为 N－S 结构化流程图或盒图,适合于结构化程序设计。

4.用伪代码描述算法

伪代码通常用介于自然语言和计算机语言之间的文字、数学公式和符号来描述算法,同时采用类似于计算机高级语言(如 C、Pascal、VB、C＋＋、Java 等)的控制结构来描述算法步骤的执行顺序。其书写方便、格式紧凑,便于向计算机语言过渡,在算法的设计过程中,为了方便常用伪代码来描述算法,但需要注意的是伪代码是不可以在计算机上运行的。

5.用计算机语言描述算法

无论是使用自然语言还是使用流程图或是伪代码来描述算法,仅仅是表述了编程者解决问题的一种思路,都无法在计算机中运行。只有用计算机语言编写的程序才能被计算机执行。因此,在使用流程图或伪代码描述出一个算法以后,还要将它转换成计算机语言程序。用计算机语言表示算法必须严格遵循所用语言的语法规则,这是与伪代码不同的。

3.1.3 算法分析

同一问题可以用不同算法解决,而一个算法的质量优劣将会影响到程序的效率。算法分析是对运行该算法所需计算机资源的分析,可以用算法所耗费的计算资源与问题规模之间的函数关系表示,其目的在于选择合适算法和改进算法。计算机资源最主要的是时间和空间资源,因此,一个算法的评价主要从时间复杂度和空间复杂度来考虑。

1.时间复杂度

(1)时间频度

一个算法执行所耗费的时间,从理论上看是不能计算出来的,必须上机运行测试才知道。但人们不可能也没有必要对每个算法都上机测试,只要能够比较出哪个算法花费的时间多，哪个算法花费的时间少就可以了。由于一个算法花费的时间与算法中语句的执行次数成正比，所以哪个算法中语句执行次数多，其花费的时间就多。一个算法中的语句执行次数称为语句频度或时间频度，记作 $T(n)$。因此，在评价一个算法所耗费的时间时可以用时间频度来衡量。

(2)时间复杂度

在时间频度中，n 称为问题的规模，当 n 不断变化时，时间频度 $T(n)$ 也会不断变化。一般情况下，算法中基本操作重复执行的次数是问题规模 n 的某个函数，用 $T(n)$表示，若有某个辅助函数 $f(n)$，使得当 n 趋近于无穷大时，$T(n)/f(n)$的极限值为一个不等于零的常数时，则称 $f(n)$是 $T(n)$的同数量级函数。记作 $T(n)=O(f(n))$，称 $O(f(n)$为算法的渐进时间复杂度，简称时间复杂度。

在各种不同算法中，若算法中语句执行次数为一个常数，则时间复杂度为 O(1)，另外，在时间频度不相同时，时间复杂度有可能相同，如 $T(n)=n^2+3n+4$ 与 $T(n)=4n^2+2n+1$ 它们的频度不同，但时间复杂度相同，都为 $O(n)^2$。

2. 空间复杂度

空间复杂度是指算法在计算机内执行时所需存储空间的度量，记作 $S(n)=O(f(n))$。其讨论方法类似于时间复杂度。一个上机执行的程序除需要保存自身所用指令、常量、变量和输入数据外，还需要一些对数据进行操作过程中使用的辅助存储空间。如果输入数据所占空间只取决于问题本身而与算法无关，则只需要分析除输入和程序以外的额外空间，否则应同时考虑输入本身所需的空间。

3.1.4　典型算法列举

1. 穷举法

(1)算法定义

根据问题的约束条件，将解的所有可能情况列举出来，然后一一验证是否符合整个问题的求解要求，从而得到问题的解，这种解决问题的方法称为穷举算法。

(2)算法特点

①问题的解是一组特定值,具有相同的数据结构,是有限的。

②问题的所有约束条件可表达。

③穷举法算法简单,但效率比较低,尤其是在搜索区间较大时。一般情况下,在设计过程中需要按照实际情况缩小求解范围。

2.递归算法

(1)算法定义

递归算法是一种在函数或子过程的内部,直接或者间接地调用自己的算法。在计算机编写程序中,递归算法对解决一大类问题是十分有效的,它往往使算法的描述简洁而且易于理解。

(2)算法特点

①递归就是在过程或函数里调用自身。

②每个递归函数都必须有非递归定义的初始值,否则递归函数无法计算。

③递归算法结构清晰,可读性强,且容易用数学归纳法证明算法的正确性。但其运行效率较低,无论是耗费的计算时间还是占用的存储空间都比非递归算法多。

④在递归调用的过程当中系统将整个程序运行时所需要的数据空间安排在一个栈中,每调用一个算法,就为它在栈顶分配一个存储区域,每退出一个算法,就释放它在栈顶的存储区域。递归调用次数过多容易造成栈溢出等。

3.回溯法

(1)算法定义

回溯法(探索与回溯法)是一种选优搜索法,按选优条件向前搜索,以达到目标。但当探索到某一步时,发现原先选择并不优或达不到目标,就退回一步重新选择,这种走不通就退回再走的技术为回溯法,而满足回溯条件的某个状态的点称为"回溯点"。

(2)算法特点

①回溯算法需要用栈保存好前进中的某些状态。

②搜索过程分为两种:一种不考虑给定问题的特有性质,按事先定好的顺序,依次运用规则,即盲目搜索的方法;另一种则考虑问题给定的特有性质,选用合适的规则,提高搜索的效率,即启发式的搜索。

4. 贪心算法

(1)算法定义

贪心算法(又称贪婪算法)是指在对问题求解时,总是做出在当前看来是最好的选择。也就是说,不是从整体最优上予以考虑,所做出的仅是在某种意义上的局部最优解。贪心算法不是使所有问题都能得到整体最优解,但对范围相当广泛的许多问题能使其产生整体最优解或者是整体最优解的近似解。

(2)算法特点

①所求问题的整体最优解可以通过一系列局部最优的选择达到。

②当前问题的最优解包含其子问题的最优解。

5. 分治算法

(1)算法定义

分治算法的基本思想是将一个规模为 N 的问题分解为 K 个规模较小的子问题,这些子问题相互独立且与原问题性质相同。求出子问题的解,就可得到原问题的解。

(2)算法特点

①原问题可以分解为多个子问题。这些子问题与原问题相比,只是问题的规模有所降低,其结构和求解方法与原问题相同或相似。

②在求解并得到各个子问题的解后,应能够采用某种方式、方法合并或构造出原问题的解。

3.2　数据结构

3.2.1　数据结构的基本概念

数据结构是相互之间存在一种或多种特定关系的数据元素的集合。数据是对客观事物的符号表示,在计算机科学中是指所有能输入到计算机中并被计算机程序处理的符号的总称。数据元素是数据的基本单位,在计算机程序中通常作为一个整体进行考虑。根据数据元素之间关系的不同特征，通常可分为三类基本结构：线性结构、树形结构和图形结构（或称网络结构）。

①线性结构。线性结构是一个数据元素的有序（次序）集合。它有四个特征：集合中必存在唯一的“第一个元素”、集合中必存在唯一的“最后的元素”，除最后元素之外，其他数据元素均有唯一的“后继”，除第一元素之外，其他数据元素均有唯一的“前扑”，数据结构中线性结构指的是数据元素之间存在着“一对一”的线性关系的数据结构。线性结构在程序设计中应用最多，如数组、链表、栈和队列等。

②树形结构。该结构中的节点之间一般为层次关系，存在一个唯一的节点，在关系中没有前驱，称为树根或根节点。除根节点外，其他节点有且仅有一个前驱，但后继的数目不限制。树形结构存在很多形态，如二叉树、有序树等，它们都有着各自独特的应用。

例如 UNIX 和 DOS 系统中的文件系统就是一个典型的树结构。

③图形结构，又称为网络结构，对关系中节点的前驱和后继数目不加任何限制。例如，现实生活中的交通网络就是一个非常复杂的图形结构。

数据的存储结构所要解决的问题是逻辑结构在计算机中的物理存储。计算机的主存储器具有空间相邻和随机访问的特点：基本的存储单元是字节，用非负整数对存储地址编码，提供对存储空间上相邻的单元集合的随机访问；计算机指令具有按地址随机访问存储空间内任意单元的能力，访问不同地址所需的访问时间基本相同。对逻辑结构而言，其数据的存储结构就是建立一种由逻辑结构到物理存储空间的映射。常用的基本存储映射方法有顺序方法、链接方法、索引方法和散列方法等。

此外，对于同一种逻辑结构而言，可以采用不同的表示方式，即可采用不同的映射关系来完成数据从逻辑结构到存储结构的转换。例如，线性结构可以采用顺序的方式来存储，形成顺序表；也可以采用链表的方式存储，得到链表。

3.2.2 常用数据结构

数据结构指相互之间存在某种关系的数据元素的集合。它一般包括三方面的内容：数据的逻辑结构、数据的存储结构和数据的操作实现算法。几种典型的数据结构主要有线性表、栈和队列、数组、树和图等。

1. 线性表

线性表是一种线性结构，一个线性表是 $n(\geqslant 0)$ 个数据元素的有限序列。线性表中的数据元素根据不同的情况可以是一个数、一个符号或更复杂的信息，但在同一个线性表中的数据元素必定属于同一数据对象。例如，英文字母表（A，B，C，……，Z）是一个线性表，表中的每个字母是一个数据元素。

相邻数据元素之间为序偶关系，即：

①存在唯一的被称作"第一个"的数据元素。

②存在唯一的一个被称作"最后一个"的数据元素。

③除第一个元素以外，表中的每个元素均有且仅有一个前驱。

④除最后一个元素以外，表中每个元素有且仅有一个后继。

根据线性表的不同物理结构又可将线性表分为顺序表和线性链表。

顺序表（Sequential List）是以元素在计算机内的存储位置的相邻来表示线性表中数据元素之间的逻辑关系。每个数据元素的存储位置都与线性表的起始位置相差一个和数据元素在线性表中的位序成正比的常数。

线性链表（Linked List）是用任意的存储单元存储线性表的数据元素的一种存储结构，使用的存储单元可以是连续的，也可以是不连续的，数据元素的逻辑顺序是通过链表中的指针链接次序实现的。链表由一系列结点组成，每个结点包括两个部分：一部分用于存储数据元素信息（称为数据域），另一部分用于存储下一个结点的存储位置（称为指针域）。根据链表的第一个结点是否保存数据元素信息可将其分为带头结点的线性链表和不带头结点的线性链表。

2. 栈和队列

栈和队列是两种重要的线性结构，它们的基本操作较线性表有更多的限制。

栈（Stack）是限定仅在表末进行插入或删除操作的线性表。它按照后进先出（last in first out，LIFO）的原则存储数据，先进入的数据被压入栈底（线性表的头端），最后进入的数据在栈顶（线性表的尾端），需要读取数据时，仅能从栈顶开始弹出数据。

队列（Queue）是一种先进先出（first in first out，FIFO）的线性表。它是只允许在表的一端进行插入操作，而在另一端进行删除操作的线性表。允许插入的一端称为队尾，允许删除的一端称为队头。

3.数组

在程序设计中，为了处理方便，把具有相同类型的若干变量按有序的形式组织起来。这些按序排列的同类数据元素的集合称为数组(array)。在C语言中，数组属于构造数据类型。一个数组可以分解为多个数组元素，这些数组元素可以是基本数据类型或是构造类型。因此，按数组元素的类型不同，数组又可分为数值数组、字符数组、指针数组、结构数组等各种类别。

4.树和二叉树

树(Tree)是包含 $n(n>0)$ 个结点的有穷集合。任意一棵非空树都满足以下条件：

①有且仅有一个特定结点称为树的根结点。

②当 $n>1$ 时，其余结点可分为 $m(m>0)$ 个互不相交的有限集 T1，T2，……Tm，其中每一个集合本身又是一棵树，并称为根的子树。

二叉树(Binary Tree)是另一种树形结构，它的每个结点至多只有两棵子树，并且二叉树的子树有左右之分，其次序不能随意颠倒。在树形结构中，数据元素之间有着明显的层次关系，每一层上的元素可能和下一层中多个元素相关，但只能和上一层中的一个元素相关。

5.图

图(Graph)由顶点的有穷集合 V 和边的集合 E 组成。其中，顶点即为图中的数据元素，在图结构中常常将结点称为顶点，边是顶点的有序(或无序)偶对，若两个顶点之间存在一条边，就表示这两个顶点具有相邻关系。根据图的边是否有方向可将图分为有向图和无向图。

3.3 数据库

3.3.1 数据库概述

数据库技术中涉及许多基本概念，主要包括数据库、数据库管理系统、应用程序、数据库系统的相关人员、数据库系统、数据应用系统等。

1. 数据库

数据库是“按照数据结构来组织、存储和管理数据的仓库”。在经济管理的日常工作中，常常需要把某些相关的数据放进这样的“仓库”，并根据管理的需要进行相应的处理。例如，企业单位的人事部门常把本单位职工的基本情况(职工编号、姓名、年龄、性别、籍贯、工资、简历等)存放在表中，这张表就可以看成是一个数据库。通过这个数据库，可以根据需要随时查询某职工的基本情况，也可以查询工资在某个范围内的职工人数，等等。

马丁(J. Martin)给数据库下了一个比较完整的定义：数据库是存储在一起的相关数据的集合，这些数据是结构化的，无有害的或不必要的冗余，并为多种应用服务；数据的存储独立于使用它的程序；对数据库插入新数据，修改和检索原有数据均能按一种公用的和可控制的方式进行。当某个系统中存在结构上完全分开的若干个数据库时，则该系统包含一个“数据库集合”。

2. 数据库管理系统

数据库管理系统是位于用户与操作系统之间的数据管理软件，它是数据库系统的核心，数据库在建立、运行和维护时由数据库管理系统统一管理和控制。数据库管理系统能够使用户方便地定义和操作数据，并保证数据的安全性、完整性、多用户对数据的并发使用及发生故障后的系统恢复。

3. 应用程序

数据库应用程序是使用数据库语言及其应用开发工具开发的，能够满足数据处理需要的应用程序。通过这种应用程序，可简化用户对数据库的操作。例如，人事档案管理系统、图书管理系统。

4. 数据库系统的相关人员

数据库系统的相关人员是数据库系统的重要组成部分，包括数据库管理员、应用程序开发人员和最终用户3类人员。

数据库管理员：负责数据库的建立、使用和维护的专门人员。

应用程序开发人员：开发数据库应用程序的人员。

最终用户：通过应用程序使用数据库的人员，最终用户无须自己编写应用程序。

5.数据库系统

数据库系统是实现有组织地、动态地存储大量关联数据，提供数据处理和信息资源共享的系统。它是采用数据库技术的计算机系统。

数据库系统由硬件系统、数据库、数据库管理系统、应用程序和数据库系统的相关人员5部分组成。

6.数据库应用系统

数据库应用系统是指系统开发人员使用数据库系统资源开发出来的面向某一类实际应用的应用软件系统。例如，以数据库为基础的学生选课系统、图书管理系统、飞机订票系统、人事管理系统等。从实现技术角度而言，这些都是以数据库为基础和核心的计算机应用系统。

3.3.2 数据模型与数据库系统

1.数据模型

计算机并不能直接处理现实世界中的具体事物，人们必须把具体事物转换成计算机能处理的数据，因此，需要一个工具对现实世界中的数据和信息进行抽象、表示和处理。数据模型就这样一个工具，它是数据特征的抽象，是对数据库如何组织数据的一种模型化表示。

根据模型应用的不同阶段，可将模型分为两类：概念模型和数据模型。概念模型是按用户的观点对数据和信息进行建模，主要用于数据库设计。数据模型是按计算机系统的观点对数据建模，主要用于数据库管理系统的实现。数据模型是数据库系统的核心和基础，所有的数据库管理系统软件都基于某种数据模型。传统的数据模型有层次模型、网状模型和关系模型，目前使用最广泛的是关系模型。

(1)层次模型

层次模型用树形结构来表示实体及实体间的联系，例如1968年IBM公司推出的数据库管理系统(Information Management System，IMS)。在层次模型中，各数据对象之间是一对一或一对多的联系。这种模型层次清楚，可沿层次路径存取和访问各个数据，层次结构犹如一棵倒立的树，因而称为树形结构。

(2)网状模型

网状模型用网状结构来表示实体及实体间的联系。网状模型犹如一个网络,此种结构可用来表示数据间复杂的逻辑关系。在网状模型中,各数据实体之间建立的通常是一种层次不清的一对一、一对多或多对多的联系。

(3)关系模型

关系模型用一组二维表表示实体及实体间的联系,即关系模型用若干行与若干列数据构成的二维表格来描述数据集合以及它们之间的联系,每个这样的表格都被称为关系。关系模型是一种易于理解,并具有较强数据描述能力的数据模型。

每一种数据库管理系统都是基于某种数据模型的,例如 Access、SQL Server 和 Oracle 都是基于关系模型的数据库管理系统。在建立数据库之前必须先确定选用何种类型的数据库,即确定采用什么类型的数据库管理系统。

2. 数据库系统

(1)数据库系统结构

从数据库管理系统的角度看,数据库系统采用三级模式结构:外模式、模式和内模式,并提供两级映射功能:外模式与模式之间的映射、模式与内模式之间的映射。

①外模式。外模式又称子模式或用户模式,它是数据库用户使用的局部数据逻辑结构和特征的描述,是数据库用户的数据视图。外模式面向具体的应用程序,它定义在模式之上,但独立于内模式和存储设备。

②模式。模式又称概念模式或逻辑模式,它是数据库中全体数据的逻辑结构和特征的描述,是所有用户的公共数据视图。它处在数据库系统模式结构的中间层,不涉及数据的物理存储细节和硬件环境,与具体的应用程序以及应用开发工具无关。

③内模式。内模式又称存储模式,它是数据物理结构和存储结构的描述,是数据在数据库内部的表示方法。它处于整个数据库系统的最底层,定义的是存储记录的类型、存储域的表示、存储记录的物理顺序,指引元、索引和存储路径等数据的存储组织。一个数据库只能有一个内模式。

(2)基于层次模型的数据库系统

层次模型是数据库系统中最早出现的数据模型,层次数据库系统采用层次模型作为数据的组织方式。层次数据库系统的典型代表是 IMS(information management system)数据库管理系统。在层次模型中,各类实体及实体间的联系用有序的树型(层次)结构来表示。现实世界中许多实体之间的联系呈现出一种很自然的层次关系，例如行政机构、家族管理等。因此层次模型可自然地表达数据间具有层次规律的分类关系、概括关系、部分关系等。

层次模型由处于不同层次的各个节点组成。在层次模型中，每个节点表示一个记录类型（实体），记录之间的联系用节点之间的连线表示。父节点和子节点必须是不同的实体类型，它们之间的联系必须是一对多的联系。同一双亲的子女节点称为兄弟节点，没有子女节点的节点称为叶节点。

层次模型反映了现实世界中实体间的层次关系，层次结构是众多空间对象的自然表达形式，并在一定程度上支持数据的重构。但在应用时存在以下问题：①由于层次结构的严格限制，对任何对象的查询必须始于其所在层次结构的根，使得低层次对象的处理效率较低，并难以进行反向查询。数据的更新涉及许多指针，插入和删除操作也比较复杂。②层次命令具有过程式性质，它要求用户了解数据的物理结构，并在数据操纵命令中显式地给出存取途径。③模拟多对多联系时导致物理存贮上的冗余。④数据独立性较差，给使用带来了很大的局限性。

（3）基于网状模型的数据库系统

为克服文件系统分散管理的弱点，实现对数据的集中控制和统一管理，人们开始对改革数据处理系统进行探索与研究。与层次模型同时出现的还有网状模型，其代表是巴赫曼（C. W. Bachman，1924－）主持设计的数据库管理系统 IDS（integrated data system），它的设计思想和实现技术也被后来的许多数据库产品所仿效。

网状数据模型是一种比层次模型更具普遍性的结构，它解除了层次模型的两个限制，允许多个节点没有双亲节点，并允许节点有多个双亲节点。此外，它还允许两个节点之间有多种联系，因此网状模型可以更直接地去描述现实世界。与层次模型一样，网状模型中每个节点表示一个记录类型（实体），每个记录类型可包含若干个字段（实体的属性），节点间的连线表示记录类型（实体）之间一对多的父子联系。

网状模型的优点是可以描述现实生活中极为常见的多对多的关系，其数据存储效率高于层次模型，但其结构的复杂性限制了它在空间数据库中的应用。网状模型在一定程度上支持数据的重构，具有一定的数据独立性和共享性，并且运行效率较高。但它在应用时存在以下问题：①网状结构的复杂性，增加了用户查询和定位的困难。它要求用户熟悉数据的逻辑结构，知道自身所处的位置。②网状数据不直接支持对于层次结构的表达。

（4）基于关系模型的数据库系统

关系模型以关系代数为语言模型，以关系数据理论为理论基础，具有形式基础好、数据独立性强、数据库语言非过程化等优点，得到了迅速发展和广泛应用。

在层次模型和网状模型中，实体间的关系主要是通过指针来实现，即把有联系的实体用指针连接起来。而关系模型是建立在数学中“关系”的基础上，它把数据的逻辑结构归结为满足一定条件的二维表的形式。实体本身的信息以及实体之间的联系均表现为二维表，这种表就称为关系。一个实体由若干个关系组成，而关系表的集合就构成关系模型。关系模型可用关系代数来描述，因而关系数据库管理系统能够用严格的数学理论来描述数据库的组织和操作，且具有简单灵活、数据独立性强等特点。

关系模型的提出不仅为数据库技术的发展奠定了基础，同时也为计算机的普及应用提供了极大的动力。在关系模型以后，IBM 投巨资开展关系数据库管理系统的研究。20 世纪 70 年代末，IBM 公司圣约瑟研究实验室在 IBM370 系列机上研制的关系数据库实验系统 System R 获得成功，极大地推动了关系数据库技术的发展。30 多年来，关系数据库系统的研究取得了巨大成绩，涌现出许多性能良好的商业化关系数据库系统，例如 DB2、Oracle、Ingres、Sybase、Informix 等，数据库的应用领域迅速扩大。

实践证明，由于关系模型具有数学基础，概念清晰简单，数据独立性强，在支持商业数据处理的应用上非常成功。但由于关系数据模型以记录为基础，有确定的对象、确定的属性，不能以自然方式表示实体间的联系。同时，关系数据模型语义较贫乏，数据类型也不多，难以处理半结构化和非结构化的数据，对于不确定性数据也无能为力。于是人们就在关系数据模型基础上对其扩展，提出了时态数据模型、模糊数据模型、概率数据模型，进而提出实体联系数据模型、面向对象数据模型等。但关系数据模型后提出的数据模型都还存在一些理论上的缺陷，目前还无法取代关系数据库。

3. 常用数据库

(1)IBM 的 DB2

DB2 主要应用于大型应用系统，具有较好的可伸缩性，可支持从大型机到单用户环境，使用 OS/2、Windows 等操作系统。DB2 提供了高层次的数据完整性、安全性、可恢复性，以及小规模到大规模应用程序的执行能力，具有与平台无关的基本功能和 SQL 命令。DB2 采用了数据分级技术，能够使大型机数据很方便地下载到局域网数据库服务器，使得客户机/服务器用户和基于局域网的应用程序可以访问大型机数据，并使数据库本地化及远程连接透明化。它以拥有一个非常完备的查询优化器而著称，其外部连接改善了查询性能，并支持多任务并行查询。DB2 具有很好的网络支持能力，每个子系统可以连接十几万个分布式用户，可同时激活上千个活动线程，对大型分布式应用系统尤为适用。

(2)Oracle

Oracle 前身叫 SDL，由拉里·埃里森(Larry Ellison)和另两个编程人员在1977年建立。Oracle 公司是最早开发关系数据库的厂商之一，其产品支持最广泛的操作系统平台。ORACLE 7.X 引入了共享 SQL 和多线索服务器体系结构。在低档软硬件平台上用较少的资源就可以支持更多的用户，而在高档平台上可以支持成百上千个用户。提供了基于角色分工的安全保密管理。支持大量多媒体数据，如二进制图形、声音、动画以及多维数据结构等。提供了与第三代高级语言的接口软件 PRO* 系列，能在 C，C++等主语言中嵌入 SQL 语句及过程化(PL/SQL)语句，对数据库中的数据进行操纵。可通过网络较方便地读/写远端数据库里的数据，并具有对称复制的技术。

(3)Informix

Informix 在1980年被开发，目的是为 UNIX 等开放操作系统提供专业的关系型数据库产品。公司的名称 Informix 便是取自 Information 和 Unix 的结合。Informix 第一个真正支持 SQL 语言的关系数据库产品是 Informix SE(Standard Engine)。Informix SE 是在当时的微机 Unix 环境下主要的数据库产品。它也是第一个被移植到 Linux 上的商业数据库产品。

(4)Sybase

Sybase 公司成立于1984年，公司名称“Sybase”取自“system”和“database”相结合的含义。Sybase 首先提出 Client/Server 数据库体系结构的思想，并率先在 Sybase SQL Server 中实现。它是一种典型的 UNIX 或 Windows NT 平台上客户机/服务器环境下的大型数据库系统。

(5)SQL Server 2008

SQL Server 2008 是 Microsoft 公司推出的 SQL Server 数据库管理系统的新产品版本。SQL Server 是真正的客户机/服务器体系结构；采用图形化界面；具有丰富的编程接口工具，为用户进行程序设计提供了更大的选择余地；具有很好的伸缩性；提供数据仓库功能。SQL Server 2008 在 Microsoft 的数据平台上发布，帮助用户随时随地管理任何数据，它可以将结构化、半结构化和非结构化文档的数据(如图像和音乐)直接存储到数据库中。

(6)PostgreSQL

PostgreSQL 是一种特性非常齐全的自由软件的对象—关系型数据库

管理系统，它具备当今许多商业数据库的各种特性。PostgreSQL最早开始于BSD的Ingres项目。PostgreSQL支持大部分SQL标准并且提供了许多其他现代特性：复杂查询、外键、触发器、视图、事务完整性、多版本并发控制。同样，PostgreSQL可以用许多方法扩展，比如，通过增加新的数据类型、函数、操作符、聚集函数、索引方法、过程语言。

(7)MySQL

MySQL是一个小型关系型数据库管理系统，开发者为瑞典MySQLAB公司。目前MySQL被广泛地应用在中小型网站中。由于其体积小、速度快、总体拥有成本低，尤其是开放源码这一特点，许多中小型网站为了降低网站总体拥有成本而选择了MySQL作为网站数据库。

(8)Access数据库

美国Microsoft公司于1994年推出的微机数据库管理系统。它具有界面友好、易学易用、开发简单、接口灵活等特点，是典型的新一代桌面数据库管理系统。Access主要适用于中小型应用系统，或作为客户机/服务器系统中的客户端数据库。

(9) FoxPro数据库

最初由美国Fox公司于1988年推出，1992年Fox公司被Microsoft公司收购后，相继推出了FoxPro 2.5、2.6和Visual FoxPro等版本，其功能和性能有了较大的提高。FoxPro2.5、2.6分为DOS和Windows两种版本，分别运行于DOS和Windows环境下。FoxPro比FoxBASE在功能和性能上又有了很大的改进，主要是引入了窗口、按钮、列表框和文本框等控件，进一步提高了系统的开发能力。

3.4　数据通信与网络

3.4.1　数据通信的基础知识

数据通信是依照一定的通信协议，利用数据传输技术在两个终端之间传递数据信息的一种通信方式和通信业务。它可实现计算机和计算机、计算机和终端及终端和终端之间的数据信息传递，是继电报、电话业务之后的第三种最大的通信业务。

1.数据通信系统的构成

在计算机网络中,数据通信系统的任务是把源计算机发送的数据迅速、可靠、准确地传输到目的计算机。一个完整的数据通信系统一般由源计算机(发送者)、目标计算机(接收者)、通信线路和通信设备组成。在源计算机和目的计算机中,要有相应的数据信号发送、接收和转换设备,例如网卡和调制解调器等。

2.数据通信的基本概念

(1)数据

数据是传递信息的实体和形式(例如文字、声音和图像等),可分为模拟数据和数字数据两类。模拟数据是指在某个区间连续变化的物理量,例如声音的大小和温度的高低等;数字数据是指离散的不连续的量,例如文本信息和整数等。

(2)信号和信道

数据(或信息)在数据通信线路中不能直接被传输,而是需要首先由发送转换设备转换成适合于在通信信道中传输的电编码、电磁编码或光编码,经过这种转换后才可以在数据通信线路中传输。这种由信息转换成的能够在信道中传输的电编码、电磁编码或光编码称为信号。信号在通信系统中可分为模拟信号和数字信号,前者是模拟数据的编码,指一种连续变化的电信号(例如,电话线中传送的按照话音幅度强弱连续变化的电波信号);后者是数字数据的编码,指一种离散变化的电信号(例如计算机中产生的电信号就是“0”和“1”的电压脉冲序列串)。计算机能够处理的都是数字信号。

信道是用来表示向某个方向传送信息的媒体。信道也可分为适合传送模拟信号的模拟信道和适合传送数字信号的数字信道:由于模拟信号是连续变化的信号,所以模拟信号衰减得较慢,适合于长距离的传输;而数字信号是跳跃变化的,抗干扰能力差,适合于近距离的传输。

数字信号与模拟信号之间是可以转换的。在有些情况下,必须要进行数字信号与模拟信号之间的转换。例如,因为数字信号和模拟信号的传输线路不同,而模拟线路比较普遍(例如模拟电话系统),所以当希望利用模拟线路传输数字信号时,就需要进行这种转换。

(3)传输速率和带宽

传输速率指单位时间内传输的信息量。数字信号的传输速率指每秒传输的比特数,单位为 bit/s(简写为 b/s);模拟信号的传输速率指每秒传输的脉冲数，单位为 baud/s。带宽指单位时间内传输线路中可能传输的最大比特数，即线路的最大传输能力。

(4)通信方式

串行通信中，数据通常是在两个站之间进行传送。按照数据传送的方向，可分为单工和双工两种方式，而双工方式又可分为半双工和全双工方式。

①单工通信方式。在接收器和发送器之间有一条传输线，只能进行单一方向的传输，这种传送方式称为单工方式。无线电广播和电视广播都是单工传送的例子。

②半双工通信方式。使用同一条传输线既作为输入又作为输出时，虽然数据可以在两个方向上传送，但通信双方不能同时发送和接收数据，这种传送方式称为半双工。航空和航海无线电台及对讲机等都采用这种方式。这种方式比单工通信设备昂贵，但比全双工便宜。在要求不很高的场合，多采用这种通信方式。

③全双工通信方式。数据的接收和发送分流，分别由不同的传输线传送时，通信双方都能在同一时刻进行发送和接收数据，这样的传送方式称为全双工方式。现代的电话通信都是采用这种方式。其要求通信双方都有发送和接收设备，而且要求信道能提供双向传输的双倍带宽，所以全双工通信设备较昂贵。

3. 数据传输方式和类型

数字信号在线路中的传输有并行传输和串行传输两种方式。在并行传输中，可以同时传输多个二进制位(至少8位数据)，每位需要一条信道。计算机内部的数据大多是并行传输的；计算机与高速外设(如打印机和磁盘存储器等)之间一般也都采用并行传输，因为这种方式的数据传输速率非常高。

在串行传输中，数字信息逐位在一条线路或一个信道中传输。这种传输方式只要一条信道，通常用于远距离的数据传输。与并行传输相比，串行传输速率较低，但对信道的要求也低。

数字信号的传输类型分为基带传输与宽带传输两种，基带传输指数字信号直接在数字信道中传输。基带传输直接传输数字信号，基本上不改变数字信号的波形，因此传输速率高，误码率低；但需要铺设专门的传输线路。宽带传输指数字信号经过调制转换成模拟信号后在模拟信道中传输。宽带传输要把数字信号转换成模拟信号，所以误码率比较高；但可以利用现有的大量模拟信道(如模拟电话网)通信，价格便宜，容易实现。

3.4.2 计算计网络的基础知识

1. 计算机网络的定义

计算机网络是指将分布在不同地理位置，且具有独立功能的若干台计算机及其外围设备，通过通信设备和线路连接起来，在网络操作系统、网络管理软件及网络通信协议的管理和协调下，实现资源共享和信息传递的计算机系统。

2. 计算机网络的产生和发展

计算机网络从产生到发展，大致可分为以下四个阶段：

（1）面向终端的计算机网络

面向终端的计算机网络是具有通信功能的主机系统，即联机系统。系统中将一台计算机通过通信线路与若干台终端直接相连，计算机处于主控地位，承担着数据处理和通信控制的工作，而终端一般只具备输入/输出功能，处于从属地位。

（2）分组交换网

分组交换是以分组为单位进行传输和交换，它是一种存储一转发的交换方式，即将到达交换机的分组先送到存储器暂时存储和处理，等到相应的输出电路有空闲时再发送出去。采用分组交换技术，以通信子网为中心，主机和终端构成用户资源子网，实现资源共享。

（3）体系结构标准化的计算机网络

由于相对独立的网络产品难以实现互联，1984 年由国际标准化组织（ISO）颁布了开放系统互连参考模型（Open System Interconnection，OSI）。OSI 标准确保了各厂家生产的计算机和网络产品之间的互连，推动了网络技术的应用和发展。

（4）Internet 时代

20 世纪 90 年代，计算机网络发展成了全球互连、高速传输的因特网，它起源于 ARPANET（阿帕网，美国国防部的高级研究计划局网）。1983 年，因特网工程小组提出的 TCP/IP（传输控制协议/网际协议）被批准为美国军方的网络互连协议。1984 年，美国国家科学基金会（NationalScience Foundation，NSF，United States）决定将教育科研网 NSFnet 与 ARPAnet、

MILnet（军用网）合并，运行 TCP/IP 协议，并命名为 Internet（因特网）。Internet 的发展对全世界的经济、科学、文化等领域的发展都有深刻的影响。

第4章 计算机技术的发展

4.1 计算机网络技术

4.1.1 计算机网络概述

1. 计算机网络的定义

计算机网络是指将地理位置不同的具有独立功能的多台计算机及其外部设备通过通信线路连接起来，在网络操作系统、网络管理软件及网络通信协议的管理和协调下实现资源共享和信息传递的系统。它是计算机系统与通信系统相结合的产物。随着计算机网络的高速发展，当今计算机网络所连接的硬件设备并不只限于一般的计算机，包括其他可编程的智能设备，例如智能手机和 Pad 等移动设备。

2. 计算机网络的分类

根据网络的不同特点，可以对计算机网络进行不同的分类。按网络的分布范围，可分为广域网、局域网和城域网。校园网介于局域网和广域网之间，而互联网则是最大的广域网。按网络的拓扑结构，可分为总线状、环状、星状、树状和网状网络。按网络的通信介质，可分为有线网和无线网。按网络中使用的操作系统，可分为 Novell Netware 网、Windows NT 网、Unix 网和 Linux 网。按网络的用途，可分为教育网、科研网、商业网和企业网等。

3. 计算机网络的功能

从 20 世纪 60 年代出现雏形，到今天无处不在的全球互联网，计算机网络飞速发展，其原因就在于计算机网络能够实现单机系统所无法实现的很多功能，主要体现在以下几点。

(1)数据通信

计算机网络使联网的计算机之间能够传输数据、声音、图形和图像等，使分布在不同地理位置的网络用户能够通信、交流信息。利用网络的通信功能，用户可以收发电子邮件、网上聊天、传送电子文件等。

(2)资源共享

资源共享是计算机网络的另一个重要功能。联网的计算机之间可以共享包括计算机硬件、计算机软件以及各类信息在内的资源。一旦一台计算机拥有某种资源，那么联网的其他计算机也都可以分享这一资源。

(3)共享硬件

计算机网络允许网络用户共享各种不同类型的硬件设备，如巨型计算机、大容量的磁盘、高性能的打印机、高精度的图形设备、通信线路、通信设备等。例如，在局域网中将一台打印机与网络中的任一计算机连接，并设置为共享打印机，在网络中的其他计算机上就可以利用这台共享的打印机执行打印任务。

(4)高可靠性

互联网的前身是美国国防部建立的 ARPA 网，当时的目的是提高国防部信息系统的稳定性和可靠性。为了避免在联网的部分资源受到攻击和破坏时造成整个网络系统瘫痪，计算机网络中的每台计算机都可以通过网络为另一台计算机备份。这样，一旦网络中的某台计算机发生故障，为其做备份的另一台计算机就可代替它工作，整个网络照常运行，从而提高整个系统的可靠性。

(5)分布式处理

在计算机网络中可以实现分布式处理，即把一项复杂的任务划分成若干个模块，将不同的模块同时运行在网络中不同的计算机上，其中每台计算机分别承担某部分的工作，从而起到均衡负荷的作用。

4.1.2　计算机网络的产生和发展

计算机网络的发展历史大致包括远程终端联机、计算机网络、计算机网络互连和计算机网络的未来发展4个阶段。

第1阶段:计算机网络发展的萌芽阶段,通常由若干台远程终端计算机经通信线路互连组成网络。其主要特征是把小型计算机连成实验性的网络,实现了地理位置分散的终端与主机之间的连接,增加了系统的计算能力,实现资源共享。

第2阶段:分组交换网的产生。美国国防部高级研究计划署(Advanced Research Projects Agency,ARPA)于1969年建成ARPAnet,将多台主机互连起来,通过分组交换技术实现主机之间的彼此通信,这是Internet的最早发源地。

第3阶段:体系结构标准化的计算机网络。随着ARPAnet的成功,各大公司纷纷推出自己的网络体系结构,不同的网络体系结构使同一个公司的设备容易互连,而不同公司的设备却很难相互连通,这对于网络技术的进一步发展极为不利,为此国际标准化组织ISO于1977年成立机构研究标准体系结构,于1983年提出著名的开放系统互连参考模型OSI(Open Systems Interconnection),用于实现各种计算机设备的互连,OSI成为法律上的国际标准。但由于基于TCP/IP的互联网已在此标准制定出来之前成功地在全球运行了,所以目前得到最广泛应用的仍是TCP/IP体系结构。

第4阶段:网络互连为核心的计算机网络。随着通信技术的发展和人们需求的增长,网络之间通过路由器连接起来,构成一个覆盖范围更大的计算机网络,这样的“网络的网络”称为互连网。目前,Internet是全球最大的、开放的、由众多网络相互连接而成的特定的互连网,它采用TCP/IP协议作为通信的规则。

4.1.3 局域网简介

1.局域网的概念

局域网是一个高速的、低误码的数据网络,它一般覆盖在地理上相对面积不大的区域。局域网连接工作站、外部设备和其他实施,这些实施分布在一座大楼,或者其他面积有限的区域。

2.局域网技术

局域网的关键技术主要有网络组网的拓扑结构、数据通信的传输媒体和共享信道的媒体访问技术。

(1)网络拓扑结构

局域网的拓扑结构主要有星型拓扑、环型拓扑、总线型拓扑、树型拓扑和混合型拓扑,其中最常见的基本拓扑结构是星型、环型和总线型结构 3 种。

(2)媒体访问技术

局域网的信道大多是共享的,例如星型网和总线型网,共享信道存在着使用冲突问题,可以通过媒体访问控制方法进行解决。局域网最常用的媒体访问控制方法是 CSMA/CD(Carrier Sense Multiple Access with Collision Detection),意思是载波监听多点接入/碰撞检测。

4.1.4　互联网基础

1. 互联网的概念

互联网是一个全球性的相互连接的计算机网络系统,它使用标准的互联网协议(通常被称为 TCP/IP,尽管并不是所有的应用程序都使用 TCP),服务数十亿世界范围内的用户。它是网络的网络,由数以百万计的私人部门、公共部门、科研院所、商业和政府网络在全球范围内互联,使用的是一系列广泛的电子、无线和光通信技术。

2. 互联网的特点

互联网是规模最大的网络,覆盖全世界。随着互联网的普及和使用,它提供的服务越来越多。最基本的服务有电子邮件、文件传输、浏览和远程登录等,此外还有网络电话、网上购物、网上聊天和网络会议等。这些信息服务为网络用户提供了各种便宜、快速、方便的信息交流手段。

3. 互联网的应用

(1)万维网浏览

WWW 信息服务是使用客户/服务器方式进行的,客户指用户的浏览器,最常用的是 IE(Internet Explorer)浏览器,服务器指所有储存万维网文档的主机,被称为 WWW 服务器或 Web 服务器。用户要想访问 Web 服务器中的文档,必须使用浏览器输入网址或使用搜索引擎搜索相关内容通过链接访问。

常用的浏览器有IE、Firefox、Google Chrome和360安全浏览器等。微软公司开发的Internet Explorer(简称IE)浏览器是Windows系统自带的浏览器,是目前使用率最高的浏览器软件。

搜索引擎是万维网中用来搜索信息的工具,依据一定的算法和策略,根据用户提供的关键词搜索相关内容,为用户提供检索服务,从而起到信息导航的目的,也被称为"网络门户"。常用的全球最大的搜索引擎是谷歌,中国著名的全文搜索引擎是百度。

(2)电子邮件的应用

电子邮件是指能在互联网中发送、接收的信件,使用便捷是它的最大特点。

网络用户在收发电子邮件前,必须申请一个电子邮箱,即电子邮件地址。一个电子邮件地址包括用户名和邮件服务器的主机名(或IP地址),中间用符号"@"隔开,其中用户名通常是用户自己的姓名缩写或其他代号;邮件服务器的主机名指向当前邮箱提供电子邮件服务的主机名。

在互联网中,发送电子邮件使用的是简单的邮件传输协议(simple mail transfer protocol,SMTP);接收电子邮件的协议是邮局协议(post office protocol 3,POP3)。SMTP协议和POP3协议都是TCP/IP协议的组成部分。发送和接收电子邮件各需要一个服务器,其中SMTP服务器专门负责为用户发送电子邮件;POP3服务器专门负责为用户接收电子邮件。

收发电子邮件采用的也是客户机—服务器工作模式,在客户机(联网的个人计算机)上安装电子邮件的应用软件,可实现电子邮件的编写、地址的填写及邮件的发送;在服务器上安装电子邮件的服务器软件,可为客户端发送和接收邮件。

(3)文件传输

文件传输是互联网实现的主要功能之一,互联网上的一些主机中存放着供用户下载的文件。

FTP文件传输是基于客户/服务器方式工作的,用户需要在本地计算机上运行FTP客户程序,提供文件的主机需要运行FTP服务器程序,需要下载文件的客户端向服务器端发出请求,服务器返回客户所需要的文件,下载完成。

FTP的作用是实现客户机与远程FTP服务器之间的文件传输,包括上传和下载两种方式:前者是将本地计算机上的文件传输到远程服务器上;后者是将远程服务器上的文件传输到本地计算机上。下载又分为匿名下载和登录下载:前者指FTP服务器设有公共的账号(一般为anonymous或

ftp)和密码；后者指用户必须在被访问的 FTP 服务器上正确输入自己的账号和密码，才被允许登录(在这种情况下，匿名登录无效)。

4.2　计算机多媒体技术

多媒体技术是当今计算机发展的一项新技术，是一门综合性信息技术，它把电视的声音和图像功能、印刷业的印刷功能、计算机的人机交互能力、因特网的通信技术有机地融于一体，对信息进行加工处理后再综合地表达出来。多媒体技术改善了信息的表达方式，使人们通过多种媒体看到实体化的形象，从而吸引了人们的注意力。多媒体技术也改变了人们使用计算机的方式，进而改变了人们的工作和学习方式。多媒体技术涉及的知识面非常广，随着计算机软件和硬件技术、大容量存储技术、网络通信技术的不断发展，多媒体技术应用领域不断扩大，实用性也越来越强。

4.2.1　多媒体的基本概念

学习多媒体技术，首先要明确几个基本概念，即媒体、多媒体以及多媒体技术。

1. 媒体

媒体(Media)是指承载或传递信息的载体。在日常生活中，大家熟悉的报纸、图书、杂志、广播、电影及电视均是媒体，都以它们各自的媒体形式进行着信息的传播。它们中有的以文字作为媒体，有的以图像作为媒体，有的以声音作为媒体，还有的将文、声、图、像综合在一起作为媒体。同样的信息内容，在不同领域中采用的媒体形式是不同的，报纸书刊领域采用的媒体形式为文字、表格和图片；绘画领域采用的媒体形式是图形、文字和色彩；摄影领域采用的媒体形式是静止图像、色彩；电影、电视领域采用的媒体形式是图像或运动图像、声音和色彩。

根据国际电信联盟(ITU)的定义，媒体可分为表示媒体、感觉媒体、存储媒体、显示媒体和传输媒体五大类，如表 4－1 所示。

表 4-1 媒体的表现形式

媒体类型	媒体特点	媒体形式	媒体实现方式
表示媒体	信息的处理方式	计算机数据格式	ASCII 码、图像、音频、视频编码等
感觉媒体	人们感知客观环境的信息	视、听、触觉	文字、图形、图像、动画、视频和声音等
存储媒体	信息的存储方式	存取信息	内存、硬盘、光盘、纸张
显示媒体	信息的表达方式	输入、输出信息	显示器、投影仪、数码摄像机、扫描仪等
传输媒体	信息的传输方式	传输介质	电磁波、电缆、光缆等

人类利用视觉、听觉、触觉、味觉和嗅觉感受各种信息。其中，通过视觉得到的信息最多，其次是听觉和触觉，三者一起得到的信息达到了人们感受到信息的 95%，因此感觉媒体是人们接受信息的主要来源，而多媒体技术充分利用了这种优势。

2. 多媒体

多媒体一词译自英语 multimedia，它是多种媒体信息的载体，信息借助载体得以交流传播。多媒体是信息的多种表现形式的有机结合，即利用计算机技术把文字、图形、图像、声音等多种媒体信息综合为一体，并进行加工处理，即录入、压缩、存储、编辑、输出等。广义上的多媒体概念中不仅包括多种信息形式，还包括了处理和应用这些信息的硬件和软件。与传统媒体相比，多媒体具有以下特征。

(1)信息载体的多样性

多媒体技术的多样性是指信息载体的多样性以及处理方式的多维化。信息的实际载体包括磁盘介质、磁光盘介质、光盘介质和半导体存储介质。信息的逻辑载体包括文本、图形、图像、声音、视频和动画等。而信息媒体的处理方式又可分为一维、二维和三维等不同形式，例如视频就属于三维媒体。多媒体技术的多样性使得计算机具有拟人化的特征，增强了计算机的亲和力，使人的思维表达有了更加充分、自由的空间。

(2)信息的集成性

多媒体技术的集成性是指以计算机为中心综合处理多种信息媒体，包括信息媒体的集成以及处理这些信息媒体所需要的设备与设施的集成，其关键是采用多种途径获取，统一存储、组织与合成信息，从而对信息进行集成化处理。而处理信息媒体的设备与设施也应该合成为一个整体。从硬件上考虑，这种设备与设施应该具有能够处理各种媒体信息的高速并行的CPU、大容量的存储器、适合多媒体多通道输入和输出的外设、宽带的通信网络接口以及多媒体通信网络；从软件上考虑，这种设备与设施应该有集成于一体的多媒体操作系统、各个系统之间的媒体交换格式、适合于多媒体信息管理的数据库系统、适合使用的软件和创作工具以及各种应用软件。

（3）多媒体的交互性

多媒体技术的交互性向用户提供了更加有效的控制和使用信息的手段，使得参与交互的用户都可以对有关信息进行编辑、控制和传递，加深了用户对信息的关注和理解，延长了信息的保留时间。借助于交互性，用户不仅可以被动地接收媒体信息，而且可以主动进行信息的组织、检索、提问和回答，从而提高用户的兴趣和对信息的使用效率。

（4）实时性

多媒体系统在处理信息时有着严格的时序要求和很高的速度要求，因为多媒体系统除了处理文本和图像信息外，还需要处理与时间密切相关的媒体信息（如声音、视频和动画），甚至是实况信息媒体，这就决定了多媒体技术的实时性。实时性程度不同，对多媒体系统的设计要求也不同。网络环境中的多媒体系统对系统实时性的要求要高于单机情况。

（5）非线性

以往人们读/写文本时大多采用线性顺序读/写，循序渐进地获取知识。多媒体的信息结构形式一般是一种超媒体的网状结构，它改变了人们传统的读/写模式，借用超媒体的方法把内容以一种更灵活、更具变化的方式呈现给用户。超媒体不仅为用户浏览信息和获取信息带来极大的便利，也为多媒体的制作带来了极大的便利。

（6）数字化

在实际应用中必须要将各种媒体信息转换为数字化信息后，计算机才能对数字化的多媒体信息进行存储、加工、控制、编辑、交换、查询和检索，所以多媒体信息必须是数字化信息。

3. 多媒体技术

多媒体技术是一种基于计算机技术处理多种信息媒体的综合技术，包括数字化信息的处理技术、多媒体计算机系统技术、多媒体数据库技术、多媒体通信技术和多媒体人机界面技术等。多媒体技术具有多样性、集成性、交互性、实时性、非线性和数字化等特点，其应用产生了许多新的应用领域。多媒体技术融合了计算机硬件技术、计算机软件技术以及计算机美术、计算机音乐等多种计算机应用技术。多种媒体的集合体将信息的存储、传输和输出有机地结合起来，使人们获取信息的方式变得丰富，引领人们走进了一个多姿多彩的数字世界。

多媒体关键技术包括数据压缩技术、大规模集成电路制造技术、大容量光盘存储器、实时多任务操作系统以及多种多媒体应用软件等。

4.2.2 多媒体计算机

多媒体计算机(multimedia personal computer，MPC)实际上是对具有多媒体处理能力的计算机系统的统称。多媒体计算机系统建立在普通计算机系统的基础之上，涉及的科学技术领域除了计算机技术以外还有声、光、电磁等相关学科，是一门跨学科的综合技术。它是应用计算机技术和其他相关学科的综合技术，将各种媒体以数字化的方式集成在一起，从而使计算机具有处理、存储、表现各种媒体信息的综合能力和交互能力。

1. 多媒体计算机中的关键技术

(1)视频和音频数据的压缩和解压缩技术

视频信号和音频信号的数据量大得惊人，这是制约多媒体技术发展和应用的最大障碍。一帧中等分辨率(640×480)真彩色(24位)数字视频图像的数据量约占0.9MB的空间，如果存放在容量为650MB的光盘中，以每秒30帧的速度播放，只能播放约20s；双通道立体声的音频数字数据量为1.4MB/s，一个容量为650MB的光盘只能存储约7min的双通道立体声音频数据；一部放映时间为2h的电影或电视剧，其视频和音频的数据量共约占208 800MB的存储空间。所以一定要把这些信息压缩后存放，在播放时解压缩。所谓图像压缩是指图像从以像素存储的方式经过图像转换、量化和高速编码等处理转换成特殊形式的编码，从而大大减少计算机所需存储和实时传输的数据量。

(2)专用芯片

多媒体计算机要进行大量的数字信号处理、图像处理、压缩和解压缩及解决多媒体数据之间关系等有关问题，所以需要使用专用芯片。这种芯片包含很多功能，集成度可达上亿个晶体管。

(3)大容量存储器

大容量存储器是为了弥补计算机的主存储器容量，而配置的具有大容量的辅助存储器。主要包括磁盘、磁带和光盘等。大容量存储系统优于主存储器之处在于无挥发性和大的存储容量,并且在许多情况下,可以把存储介质从机器上拆卸下来,作为档案资料保存。容量存储器的主要缺点是它们一般需要机械运动,与全部都是电子动作的计算机主存储器相比,它们就具有较长的响应时间。

(4)适用于多媒体的软件

多媒体操作系统为多媒体计算机用户开发应用系统设置了具有编辑功能和播放功能的操作系统软件以及各种多媒体应用软件。

2. 重要硬件配置

多媒体计算机的主要硬件配置除了包括 CD-ROM 以外,还必须包括音频卡和视频卡,这既是构成计算机的重要组成部分,也是衡量一台 MPC 功能强弱的基本要素。

(1)音频卡

音频卡又称为声卡,是多媒体计算机的标准配件之一,主要作用是对声音信息进行获取、编辑、播放等处理,为话筒、耳机、音箱以及键盘、合成器等音乐设备提供数字接口和集成能力。声卡可以集成在主板上,也可以是单独部件,通过插入扩展槽中供用户使用,其主要性能指标如下。

采样频率:采样频率是单位时间内的采样次数。一般来说,语音信号的采样频率是语音所必需的频率宽度的两倍以上。人耳可听到的频率为 20Hz～22kHz,所以对于声频卡,其采样频率为最高频率 22kHz 的两倍以上,即采样频率应在 44kHz 以上。较高的采样频率能获得较好的声音还原。目前声频卡的采样频率一般为 44.1kHz、48kHz 或更高。

采样值编码位数:采样值编码位数是记录每次采样值使用的二进制编码位数。二进制编码位数直接影响还原声音的质量,当前声卡有 16 位、32 位和 64 位等,编码位数越长,声音还原效果越好。

(2)视频卡

计算机处理视频信息需要使用视频卡,它是对所有用于输入/输出视频信号的接口功能卡的总称。目前常用的视频卡主要有 DV 卡和视频采集卡等。DV 卡的作用是将数字摄像机或录像带中的数字视频信号用数字方式直接输入计算机。视频采集卡是先将录像带或电视中的模拟信号变成数字信号,再输入计算机。

4.2.3 多媒体技术的应用

随着多媒体技术日新月异的发展，多媒体技术已广泛应用于工业、农业、商业、金融、教育、娱乐、旅游指南、房地产开发等领域，尤其是信息查询、产品展示、广告等领域。多媒体技术的标准化、集成化以及多媒体软件技术的发展使信息的接收、处理和传输更加方便、快捷。以下只是其中的几个主要方面。

1.教育与培训领域

多媒体技术的应用将改变传统的教学模式，使教材和学习方法发生了重大变化。多媒体技术可以用声、图、文并茂的电子书代替一些文字教材，以更直观、更活跃的方式向学生展示丰富的知识，改变以往不灵活的学习和阅读方式，更好地教人，享受教学。

多媒体技术不仅可以展示图片、文字和丰富多彩的信息，还可以提供人机交互方式。通过这种交互学习方法，学习者可以根据自己的基础和兴趣选择他们想学的东西。这种积极的参与模式可以提高学习者的积极性和兴趣，预计今后多媒体技术将越来越多地应用于现代教育实践，推动整个教育事业的发展。

2.电子商务

通过互联网，客户可以浏览商家在互联网上展示的各种产品，并获取价格表、产品说明等其他信息，从而订购他们最喜欢的产品。电子商务可以大大缩短销售周期，提高销售人员的工作效率，提高客户服务质量，降低上市、销售、管理和交付成本，形成新的优势条件。因此，多媒体技术将帮助电子商务成为社会的重要销售手段。

3.信息发布

公司、企业、学校甚至政府部门都可以建立自己的信息网站，并使用大量媒体信息详细介绍该部门的历史、实力、结果、需求等信息，以便自我展示和提供信息服务。此外，信息发布是大组织的特权，每个人都可以建立自己的信息主页或网站。今天的微信朋友圈使得信息发布和传播方便快捷，受到智能手机用户的青睐。

4. 商业广告

大型商场、车站、机场、酒店等多媒体广告系统与液晶显示屏、电视墙等显示设备相结合，可以完成广告制作、商品展示等多种功能。这种广告具有丰富多彩、生动的特点，往往给人一种震撼的视觉冲击。

5. 影视娱乐业

计算机刚出现时，人们主要用它来判断数学运算和逻辑。后来，人们在电脑上开发了声音、图形和图像处理功能，并将娱乐功能添加到电脑系统中。随着多媒体技术的发展越来越成熟，在电影娱乐业，使用多媒体技术已成为趋势。

6. 游戏

游戏具有多媒体感觉的刺激，游戏者可以通过电脑与游戏互动，轻松进入角色，有身临其境的感觉，所以游戏很受玩家欢迎。

7. 电子出版业

利用多媒体技术制作的光盘出版物，在音像娱乐、电子图书、游戏及产品广告的光盘市场上，呈现出迅速发展的销售趋势。电子出版物的产生和发展，改变了传统图书的发行、阅读、收藏、管理等方式。

8. 虚拟现实

虚拟现实是一项与多媒体技术密切相关的新技术，它通过综合应用计算机图像、模拟与仿真、传感器、显示系统等技术和设备，以模拟仿真的方式，给用户提供一个真实反映操纵对象变化与相互作用的三维图像环境所构成的虚拟世界，并通过特殊设备（如头盔和数据手套）给用户提供一个与该虚拟世界相互作用的三维交互式用户界面。

9. 工业和科学计算领域

多媒体技术在工业生产实时监控系统中，尤其在生产现场设备故障诊断和生产过程参数监测等方面有着非常重大的实际应用价值。特别是在一些危险环境中，多媒体实时监控系统将起到越来越重要的作用。

将多媒体技术用于科学计算可视化，可使本来抽象、枯燥的数据用二维或三维图形、图像动态显示，使研究对象的内因与其外形变化同步显示。将多媒体技术用于模拟实验和仿真研究，会大大促进科研与设计工作的发展。

10. 医疗影像

现代先进的医疗诊断技术的共同特点是，以现代物理技术为基础，借助计算机技术，对医疗影像进行数字化和重建处理，计算机在成像过程中起着至关重要的作用。随着临床要求的不断提高以及多媒体技术的发展，出现了新一代具有多媒体处理功能的医疗诊断系统。多媒体医疗影像系统在媒体种类、媒体介质、媒体存储及管理方式、诊断辅助信息、直观性和实时性等方面，都使传统诊断技术相形见绌，进而引发医疗领域的一场革命。同时，多媒体技术在网络远程诊断中也发挥着至关重要的作用。

11. 文物保护

中国是世界闻名的文明古国，有着悠久的历史文化和丰富的文物古迹。有些文物难以保存，随着时间的消逝，色泽发生变化。为了保留文物的原貌，可以拍照留存，用于今后观赏并为有能力修复时做参考。并且，可以对珍贵文物或者濒临灭绝的文物进行三维模型制作。另外，可以将多媒体技术应用在非物质文化遗产保护中，促进非物质文化遗产的传承。多媒体技术在文物图片保护与修复方面发挥着巨大的作用。

除上面所介绍的多媒体技术的应用领域外，多媒体技术也用在旅游业，如旅游景点的导游系统以及世界美景、风土人情的多媒体展示等。事实上，随着多媒体技术的不断更新和发展，新的应用领域也将随着人类丰富的想象力而不断地产生。

4.2.4 流媒体技术

流媒体技术是指一边下载一边播放来自网络服务器上的音频和视频信息，而不需要等到整个多媒体文件下载完毕才可以观看。流媒体技术实现了连续、实时的传送。

在流媒体技术出现之前，如果要播放网上的电影或视频，需要将整个文件下载并保存到本地计算机上，这种播放方式称为下载播放。下载播放是非实时传输的播放，其实质是将媒体文件作为一般文件对待。它将播放与下载分开，播放与网络的传输速率无关。下载播放的优点是可以获得高质量的影音作品，一次下载，可以多次播放；缺点是需要较长的下载时间，客户端需要有较大容量的存储设备。下载播放只能使用预先存储的文件，不能满足实况直播的需要。

流式播放采用边下载边播放的方式，经过短暂的缓冲即可在用户终端上对视频或音频进行播放，媒体文件的剩余部分将在后台由服务器继续向用户终端不断传送，但播放过的数据不保留在用户端的存储设备上。

流媒体技术被广泛应用于网上直播、网络广告、视频点播、网络电台、远程教育、远程医疗、企业培训和电子商务等多个领域。流式播放的优点是随时传送，随时播放，能够应用于现场直播、突发事件报道等对实时性传输要求较高的场合；主要缺点是当网络传输速率低于流媒体的播放速率或网络拥塞时会造成播放的声音、视频时断时续。

目前，流媒体格式的文件有很多，例如 asf、rm、ra、mpg、flv 等，不同格式的文件要用不同的播放软件来播放，常用的流媒体播放软件有 RealNetworks 公司的 RealPlayer、Apple 公司的 QuickTime 和微软公司的 Windows Media Player。

越来越多的网站提供了在线播放视频、音频的服务，例如优酷、土豆网、中国网络电视台等。打开 IE 浏览器，进入这些网站后，就可以根据窗口的提示进行节目的点播，然后就可以播放。通常，在播放窗口中除了视频画面以外还有进度条、时间显示、音量调节、播放/暂停、快进及后退等控制组件。

4.3 信息安全技术

4.3.1 信息安全的基本概念

1. 信息安全的含义

计算机信息没有绝对的安全，不能只靠一种类型的安全为一个组织的信息提供保护；也不能依赖一种安全产品向我们提供计算机和网络系统所需要的所有完全性。安全是一个过程而不是某一个产品所能够提供的。

在互联网时代，计算机信息安全从其本质上来讲与网络安全很难分割开来，如果一定要分开讨论，则可以计算机没有连接网络时是否存在安全问题作为一个判断标准。从广义来说，凡是涉及网络上信息的保密性、完整性、可用性、真实性和可控性的相关技术和理论，都是信息安全所要研究的领域。下面给出信息安全的一个通用定义。信息安全是指网络系统的硬件、软件及其系统中的数据受到保护，不因偶然或者恶意的原因而遭到破坏、更改、泄露，系统可以连续可靠正常地运行，网络服务不中断。

信息安全在不同的环境和应用会得到不同的解释。

①运行系统安全，即保证信息处理和传输系统的安全。包括计算机系统机房环境的保护，法律、政策的保护，计算机结构设计上的安全性考虑，硬件系统的可靠安全运行，计算机操作系统和应用软件的安全，数据库系统的安全，电磁信息泄露的防护等。它侧重于保证系统正常的运行，避免因为系统的崩溃和损坏而对系统存储、处理和传输的信息造成破坏和损失，避免由于电磁泄漏产生信息泄漏、干扰他人(或受他人干扰)，本质上是保护系统的合法操作和正常运行。

②网络上系统信息的安全。包括用户口令鉴别，用户存取权限控制，数据存取权限、方式控制，安全审计，安全问题跟踪，计算机病毒防治，数据加密。

③网络上信息传播的安全，即信息传播后果的安全。包括信息过滤、不良信息的过滤等。它侧重于防止和控制非法、有害的信息进行传播及传播后产生的后果。避免公用通信网络上大量自由传输的信息失控。本质上是维护道德、法律或国家利益。

④网络上信息内容的安全，即我们讨论的狭义的“信息安全”。它侧重于保护信息的保密性、真实性和完整性。避免攻击者利用系统的安全漏洞进行窃听、冒充、诈骗等有损于合法用户的行为。本质上是保护用户的利益和隐私。

显而易见，网络安全与其所保护的信息对象有关。本质是在信息的安全期内保证其在网络上流动时或者静态存放时不被非授权用户非法访问，但授权用户却可以访问。显然，网络安全、信息安全和系统安全的研究领域是相互交叉和紧密相连的。下面给出本书所研究和讨论的网络安全的含义。

网络安全的含义是通过各种计算机、网络、密码技术和信息安全技术，保护在公用通信网络中传输、交换和存储的信息的机密性、完整性和真实性，并对信息的传播及内容进行一定的把控。网络安全的结构层次包括物理安全、安全控制和安全服务。

2. 信息安全的起源与常见威胁

信息安全问题的出现有其历史原因和必然性。计算机系统本身有着易于受到攻击的特性，以互联网为代表的现代网络的松散结构和广泛发展，更是大大加深了信息系统的不安全性。这里，我们将从计算机系统的安全风险、信息系统的物理安全风险、网络的安全风险、计算机软件程序的风险、应用风险和管理风险等几个方面阐述为什么信息安全从一开始就伴随着计算机发展而产生。

(1)计算机系统的安全风险

从安全的角度看，冯・诺伊曼模型是造成安全问题的一个重要因素。二进制编码对识别恶意代码造成很大的困难，其脉冲信号又很容易被探测和截获；面向程序的设计思路使得数据和代码很容易混淆，而使得病毒等轻易地就可以进入计算机(冯・诺伊曼在 1949 年就已经意识到，程序可在其体系结构中自我复制)。随着硬件固化、多用户和网络化应用的发展，迫使人们靠加强软件来适应这种情况，导致软件复杂性呈指数式增加。

(2)信息系统的物理安全风险

计算机本身和外部设备乃至网络和通信线路面临各种风险，如各种自然灾害、人为破坏、操作失误、设备故障、电磁干扰以及各种不同类型的不安全因素所导致的物理财产损失、数据资料损失等。

(3)网络的安全风险

现代网络是在美国国防部 ARPA 网基础上发展而来的。构建网络的目的就是要实现将信息从一台计算机通过不同的网络结构传到另一台计算机，实现信息共享，其网络协议和服务所设计的交互机制本身就存在着漏洞，例如，网络协议本身会泄漏口令、密码保密措施不强、从不对用户身份进行校验等。网络本身的开放性也带来安全隐患。各种应用基于公开的协议，远程访问使得各种攻击无须到现场就能得手。同时，从全球范围来看，互联网的发展几乎是在无组织的自由状态下进行的，网络自然成为一些人“大显身手”的理想空间。

(4)计算机软件程序的风险

由于软件程序的复杂性、编程的多样性和程序设计人员能力的局限性，在信息系统的软件中不可避免地存在安全漏洞。软件程序设计人员为了方便，经常会在开发系统时预留“后门”(从某种程度来说，微软公司的远程管理工具也很像一个“后门”)，为软件调试以及进一步开发和远程维护提供了方便,但同时也为非法入侵提供了通道。一旦“后门”被外人所知,其造成的后果不堪设想。同时,由于软件程序的复杂性、编程的多样性和程序员能力的局限性,都不可避免地带来信息安全隐患。

(5)应用和管理风险

在信息系统使用过程中,不正确的操作、人为的蓄意破坏等也会带来信息安全上的威胁。此外,由于对信息系统管理不当,也会带来信息安全上的威胁。

3. 信息安全的目标

无论在计算机上存储、处理和应用数据,或者在网络中传播数据,都有可能引起信息泄密、篡改和拦截等破坏,其中有些可能是有意的(如黑客攻击和病毒感染等),也有些可能是无意的(如误操作和程序错误等)。

我们所说的信息安全的目标一般来说应该是保护信息的机密性、完整性、可用性、可控性和不可抵赖性。机密性是指保证信息为授权者使用,而不泄漏给未经授权者。完整性是指保证信息从真实的信息发送者传送到真实的信息接收者手中,传递过程没有被他人添加、删除和替换。可用性是指保证信息系统随时可以为授权者提供服务,而不会出现由于非授权者破坏而造成对授权者拒绝服务的情况。可控性是指由于国家机构利益和管理的需要,管理者能够对信息实施必要的控制和管理,以对抗社会犯罪和外敌入侵。不可抵赖性是指每个信息的发送者都应该对自己的信息行为负责,保证用户无法在事后否认曾经对信息进行的生成、签发、接受等行为,这在一些商业活动中显得尤为重要。

我们必须认识到,安全是一种意识、一个过程,并不是单靠某种技术就能实现的。进入21世纪后,信息安全的理念发生了巨大变化,目前提出了一种综合的安全解决办法,即针对信息的生存周期,将信息的保护(protection)技术、信息使用中的检测(detection)技术、信息受影响或攻击时的响应(reaction)技术和受损后的恢复(restorage)技术综合使用,以取得系统整体的安全性,称为PDRR模型。

从这个意义上来说,信息安全是一个汇集硬件、软件、网络、人及其之间的相互关系和接口的系统。网络与信息系统的实施主体是人,安全设备和安全管理策略最终要依靠人才能应用与贯彻。某些机构存在着安全设备设置不合理、使用和管理不当、没有专门的信息安全人员、系统密码管理混乱等现象,这时各种安全技术,如防火墙、入侵检测和虚拟专用网络(virtual private network,VPN)等设备无法起到应有的作用。

4.3.2　多样的信息安全技术

从信息传输、应用网络的现状和结构，我们可以将信息安全技术分成物理层、系统层、网络层、应用层和管理层安全五个层次。本节针对常用的信息安全技术做简单的介绍，尤其对于普通个人计算机用户最常见的操作做了描述。

物理层安全技术包括通信线路、物理设备、机房的安全等；要保证通信线路的可靠性(线路备份、网关软件和传输介质)、软硬件设备的安全性(防止偷窃、设备备份、防灾和防干扰)、设备的运行环境(温度、湿度和烟尘)、电源的不间断保障等。

系统层安全技术主要是计算机系统本身的安全问题。例如，操作系统本身的缺陷带来一些不安全因素，包括身份认证、访问控制、系统漏洞以及对操作系统的安全配置问题和病毒对操作系统的威胁等。

网络层安全技术主要是由于网络应用引起的安全问题，如网络层的身份认证、网络资源的访问控制、数据传输的保密与完整、远程接入的安全、域名系统的安全、入侵检测手段、网络设备防病毒等。

应用层安全技术主要是由于提供某种应用服务而引起的安全问题，如 Web 服务、电子邮件系统等。

管理层安全技术包括安全技术和设备的管理、安全管理制度、部门与人员的组织规则等。管理的制度化极大程度上影响着整个网络的安全性。严格的安全管理制度、明确的安全职责划分和合理的人员配置都可以大大弥补其他层次的安全漏洞。

1. 设置口令

人们习惯上称口令为密码，其实两者还是有差别的，一般来说，口令比较简单和随便；密码要正式和复杂一些。对于一台计算机的账号而言，密码是一个变量，而口令则是一个常量。

作为普通计算机用户，“用户名＋口令”的验证是一种最基本的方式。人们希望通过口令来保护自己的数据；但同时又下意识地使自己的数据变得更加危险，比如：

①使用用户名或者类似“password”等作为口令。据统计，每 1000 位用户，一般就可以找到 10～20 个这样的口令。

②密码太短。对密码的实际调查发现，16％的密码只有 3 位字符或者

更少。

③使用自己或亲友的生日(或电话号码等)作为口令。从理论上来说,一个有 8 位数字的口令有 108 种可能性,很难破译;但由于表示月份的数只有 1～12 可用,表示日期的数也只有 1～31 可用,考虑到人的生活时间一般是 1900～2010 年,再加上年、月、日的 6 种排列顺序,实际上可能的表达方式只有 12×31×110×6＝245520 种。而一台普通的计算机每秒可以搜索 40 000～50 000 种,即只用 5 秒多就可以搜索完所有可能的口令。

④使用常用的英文单词或中文词汇等作为口令。黑客有一个很大的字典库,其中有二十多万个英文单词及其组合。如果不是研究英语的专家,选择的英文单词十有八九可以在这个字典中找到。

此外,人们对口令的保护意识普遍比较薄弱。例如,常常将密码写在一张便条上,粘贴在计算机显示器上;将所有密码存放在一个文件中或告诉他人;从不更改口令,在多个系统中使用同一密码;等等。

那么,如何设置口令才是安全的呢？首先,口令应该是"强密码",即由至少 7 个字符组成。口令不能是普通字母或单词,而且其中应包含字母、数字和符号。其次,应定期更换口令,不要与别人分享口令;等等。

2. 加密技术

加密技术的基本思想是"伪装"信息,使非法用户无法理解信息的真正含义。伪装前的原始信息称为明文,经过伪装的信息称为密文;伪装的过程就是加密,去伪装的过程就是解密,如图 4－3 所示在加密密钥的控制下,对信息进行加密的数学变换就是加密算法;在解密密钥的控制下,将加密信息进行读取的数学变换就是解密算法。密码技术广泛应用于身份认证和数字签名技术等方面。

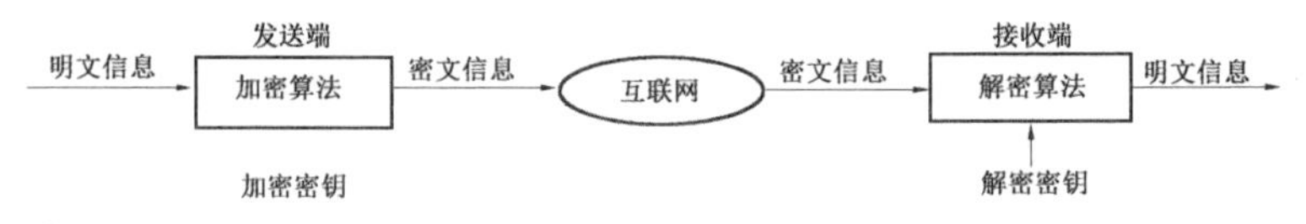

图 4－3　信息加、解密的过程

经过加密的文件在存储和传输时,即使发生了数据泄漏,未经授权者也不能理解数据的真正意义,从而达到了信息保密的目的;即使得到加密的文件,未经授权者也无法伪造合理的密文数据来达到篡改信息的目的,进而确保了数据的真实性。

就加密算法的发展来看，经历了古典密码、对称密钥密码、公开密钥密码三个阶段。古典密码是基于字符替换的密码，现在已经很少使用。若加密密钥和解密密钥相同，或者从其中一个可以推导出另一个，这种算法就称为对称密钥（也称单钥或私钥）密码，目前常见的有数据加密标准（data encryption standard，DES）算法、国际数据加密算法（international dataencryption algorithm，IDEA）等。而在公开密钥（简称公钥，也称双钥）密码中，加、解密功能被分开，从而可实现多个用户加密的消息只被一个用户解密，或者一个用户加密的信息可被多个用户解密的功能。这时，每位用户都有一对预先选定的密钥，其中一个可以公开，另一个则是带有密码的。公开密钥密码技术目前广泛应用于公共通信网的保密通信和认证系统对信息进行数字签名和身份认证等技术中。

3. 认证技术

认证技术也是密码技术的重要应用，和加密不同，认证的目的包括验证信息在存储和传输过程中是否被篡改（信息完整性认证）、身份认证和为防止信息重发和延迟攻击等进行时间性认证。在认证技术中，我们最熟悉的是数字签名技术和身份认证技术。鉴别文件、书信真伪的传统做法是亲笔签名或签章；为了对电子文档进行辨认和验证，则产生了数字签名。现在的数字签名技术一般采用公钥技术，将签名和信息绑定在一起，从而防止签名复制，并使任何人都可以验证。

身份认证是指被认证方在没有泄漏自己身份信息的前提下，能够以电子的方式来证明自己的身份。常用的身份认证主要有通行字方式和持证方式。我们熟悉的“用户名＋口令”就是通行字方式，即被认证方首先输入通行字，然后计算机对其进行验证。持证方式类似“钥匙”，是一种实物认证方式，如磁卡或智能卡等。

建立在公钥加密技术基础上的公共基础设施（public key infrastructure，PKI）采用证书管理公钥，通过第三方的可信机构（称为认证中心）把用户的公钥和其他标识信息捆绑在一起，在互联网中验证用户的身份。PKI是比较成熟、完善的互联网络安全解决方案。

4. 生物特征识别技术

生物特征识别技术就是利用人体固有的生理特性和行为特征来进行个人身份的鉴定，是身份认证的一种新型技术。

现在常用的生物特征有指纹识别、虹膜识别、面部识别、生物特征识别、签名识别和声音识别等,指纹识别是通过取像设备读取指纹图像来确认一个人的身份,技术相对成熟、可靠,成本较低,但指纹识别是物理接触式的,同时指纹易磨损,手指太干或太湿都不易提取图像。虹膜识别是利用虹膜的终身不变性和差异性来识别身份。虹膜是一种在瞳孔内的织状物,即使是外科手术也无法改变其结构。即使全人类的虹膜信息都录入到一个数据库中,出现认假和拒真的可能性也相当小。这是一种可靠性很高的技术,但成本较高。面部识别是指通过对面部特征(如眼睛、鼻子和嘴的位置及其之间的相对位置)来进行识别。它对于设备、环境、个人装扮敏感度较高,且二维识别技术容易被欺骗。生物特征识别技术具有不易遗忘、防伪性能好、不易伪造或被盗、随身"携带"和随时随地可用等优点,它与网络身份认证技术的融合逐渐成为商业研究热点,但由于要提取人体的生物特征,对人体或多或少会有一定的侵犯性,因而在一定程度上受到制约。另外,由于生物特征采集精度要求高,特征提取算法复杂度高,运算量大,特征数据的数据量大,对网络带宽要求高,特征数据库的建立与维护难度高等劣势都会给这项方兴未艾的新技术在网络认证中的应用带来影响。

5.防火墙技术

为保护本地计算机系统或网络免受来自外部网络的安全威胁,防火墙技术是一种有效的方法。所有外部网络的数据和用户在访问内部网络时都要经过防火墙;同时,内部网络的数据和用户在访问外部网络时也必须先经过防火墙,从而使内部网络与互联网之间或其他网络互相隔离,限制了网络互访并保护了内部网络。

防火墙通常是软件和硬件的组合体。它可能是一台独立的计算机;也可能是由多台计算机系统组成机群,来共同完成防火墙功能。无论是哪种情况,防火墙都应该至少具备以下三个基本特性:内部网络和外部网络之间的所有网络数据流都必须经过防火墙;只有符合安全策略的数据流才能通过防火墙;防火墙自身应该具有非常强的抗攻击免疫能力。

目前存在着多种类型的防火墙,最常用的如网络级防火墙(也叫包过滤型防火墙)、应用级网关、电路级网关和规则检查防火墙等,每种都有其各自的优缺点。所有防火墙都有一个共同的特征,即基于源地址的区分或拒绝来自某种访问的能力。但是,必须注意,防火墙技术不是万能的,其使用效果有自身的限制,例如无法向上绕过防火墙的攻击和来自内部网络的攻击;无法防止病毒感染程序或文件的传播。因此我们应该认识到,要正确选用、合理配置防火墙;防火墙安装和投入使用后,必须进行跟踪和维护;防火墙软件要及时升级更新。

6. 入侵检测技术

对于规模较大的网络用户，由于所受到的各类入侵危险越来越多，仅仅是被动防御已经不足以保护自身的安全。如果有一种对潜在的入侵动作做出记录，并预测入侵后果的系统，无疑能在网络攻防中处于比较主动和有利的地位。入侵检测系统（intrusion detection system，IDS）就是这样的一种软件。

入侵检测技术可以及时发现入侵行为（非法用户的违规行为）和滥用行为（合法用户的违规行为），并利用审计记录，识别并限制这些活动，保护系统安全。入侵检测系统的应用使网络管理者在入侵造成系统危害前就检测到它，并利用报警与防护系统防御其入侵；在入侵的过程中减少损失；在被入侵后收集入侵的相关信息，作为系统的知识添入知识库，增强系统的防范能力。入侵检测技术包括安全审计、监视、进攻识别和响应，被认为是继防火墙后的第二道安全闸门。入侵检测技术的实质是在收集尽量多的信息的基础上进行数据分析。有时，一个来源的信息可能看不出疑点；但几个来源的信息不一致，却可能是可疑行为或入侵的最好表示。收集的信息一般来自系统日志、目录及文件的异常变动、程序执行中的异常操作及物理形式的入侵信息。

数据分析技术一般采用模式匹配、统计分析和完整性分析的方式。模式匹配是将收集到的信息与已知的网络入侵和系统误用模式库进行比较，从而发现违背安全策略的行为。这种方式技术成熟、准确性和效率高，但不能检测从未出现过的黑客入侵手段。统计分析是首先给用户、文件、目录和设备等系统对象创建一个统计描述，统计正常使用时的一些测量属性（如访问次数、操作失败次数和延时等），得出一个平均的正常值范围。当任何观测值超出正常范围时，就认为有入侵发生了。它可以检测到未知的和更为复杂的入侵，但误报、漏报率高，且不适用于用户正常行为的突然改变。完整性分析主要关注某个文件或对象，是否被更改（包括文件和目录的内容及属性）。

现在已经有了应用级别的入侵检测系统。这些系统在不同的方面都有各自的特色，但是和防火墙等技术成熟的产品相比，还存在较多的问题。这些问题大多是目前入侵检测系统的结构所难以克服的。

7. 虚拟专用网技术

公司员工可能需要从公司外部，比如客户处、家里或旅馆中访问公司局域网的数据和邮件系统,这就带来了一定的安全隐患。虚拟专用网(virtual private network,VPN)技术比较好地解决了这个问题。

和以前采用的拨号系统或专用网不同,VPN是一个虚拟的专用物理网络,它们具有专用网的特点,即防止未经授权用户访问,客户端和公司总部同时都在互联网中,两者通过互联网建立一条安全的VPN隧道通信。VPN和拨号系统相比,不仅连接速度快,而且费用低,是目前企业客户的主要解决方案。

8.电子邮件的安全性

作为一种方便、快捷的通信方式,电子邮件是用户最常用的一种网络应用。但是,电子邮件系统本身十分脆弱,通过浏览器向互联网收件人发送邮件时,邮件不仅像明信片一样是公开的,而且也无法知道邮件在到达最终目的地之前,经过了多少机器。因为邮件服务器可以接收来自任何地址的任意数据,所以,任何可以访问这些服务器或访问邮件经过的路径的互联网用户都可以阅读这些信息。因此,传统的电子邮件传输是一种不安全的传输。目前,有几种端到端的电子邮件标准、PGP(pretty good privacy)和S/MIME(secure multipurpose internetmail extensions)就是其中两种,它们有可能在今后的几年中得到广泛使用。

9.无线网络的安全性

近年来,计算机无线网络应用发展极为迅猛,和有线网络不同,辅以专业设备,任何用户都有条件窃听或干扰无线网络的信息,因此在无线网络中,网络安全是至关重要的。目前的无线网络设备基本都支持IEEE 802.11,IEEE 802.11a或IEEE 802.11b标准,区别在于介质访问控制(media access control,MAC)子层和物理层,数据传输速率可以达到11Mb/s。标准中提供了较为完整的保密机制,但也隐藏着一些安全隐患,例如标准只提供了40位的加密安全性,没有提供密钥的管理机制等。

一般来说,无线网络的安全性有以下四级定义:扩频、调频无线传输技术本身使盗听者难以捕获有用的数据;采用网络隔离和网络认证措施;设置严密的用户口令及认证措施,防止非法用户入侵;设置附加的第三方数据加密方案,即使信号被窃听,也难以理解其中的内容。

这些安全措施对于普通用户来说常常很难实现。总体来说,无线网络的安全漏洞和明显弱点使它更易被攻击。我们应该知道,一旦开启用户的无线网络设备,无论是否正在使用,这台计算机已经在互联网上了。因此,应该对无线网络设备设置手动启动，而不是开机自动启动；同时在不需要连接网络时应及时关闭。此外，在配置带有无线网络功能的路由器时，一定要开启安全设施，设置密钥(尽管这层防护对有经验的黑客来说安全性实在不够)。

10. 备份与恢复

无论是系统网络管理员，还是普通计算机用户，都应该了解保留数据备份来防止数据丢失的重要性。数据备份和数据恢复就是平时保存数据，在遇到意外时恢复数据的过程。用户可以通过采取一些步骤来实现一个良好的安全性策略，以保护系统、监视日志文件，但数据备份仍然必不可少。

系统在很多情况下都有可能突然丢失数据，如水灾、火灾、地震和失窃等不可抗力因素，误将硬盘格式化等偶然失误，电子产品的机械故障，有缺陷的软件错误以及黑客攻击、病毒入侵等。这时，最方便、有效的方法就是恢复系统及数据了。因此，需要制定一种备份策略，定期备份关键数据，并照此备份策略执行。

常用的备份方式包括全备份、增量备份和差分备份。全备份指对整个系统和数据进行完全备份，直观、易于理解，数据恢复方便，但占用的硬盘空间大，备份时间长。增量备份指的是只备份上一次备份后增加和修改过的数据，备份时间明显缩短，也不会有浪费的重复数据，但是恢复数据比较麻烦。差分备份指的是每过一段时间进行一次全备份，在这段时间内如再需要做备份，只做增量备份。

现在有很多成熟的备份工具，如 LAN - free，Serverless 和 Ghost 等；此外，当前流行版本的 Windows 自身已经支持了多种备份策略。对于个人用户，比较好的做法是在机器安装完成后对系统做一次全备份；然后等机器使用稳定，软件安装、使用习惯等都设置完毕后，再做一次系统级的全备份；最后就只需要定期备份用户的重要数据了。这样，一旦机器发生重大问题，就可以迅速地恢复系统并找回最近的数据文件。

第5章　计算机前沿技术

5.1　人工智能

5.1.1　从哲学角度看人工智能

从“深蓝”到 Alpha Go，人工智能在问题求解、深度学习等领域迅猛发展，人们看到了其具有类似于人类理解能力甚至超越人类智能的可能性，但人工智能是否具有理解力仍值得商榷。一方面，人类理解是具有多重维度的现象，包含着形式化的推理计算、非形式化的直觉、顿悟以及行动等诸多内容；另一方面，人工智能的算法不能产生类似于人的理解。从哲学解释学的视角看，人类理解充斥着反思要素，理解本身也是一种自我理解；人工智能缺乏人类理解具有的“前结构”；更重要的是人工智能自身蕴含的自身认知逻辑与人类自身性的理解并不融贯，这可能是它无法真正具有理解力的关键。

人工智能（AI）自产生伊始便在追求理解人类智能的实质，使计算机能做到人类所能做的任何事情甚至更多。从 IBM 的“深蓝”到谷歌的 Alpha Go，人工智能一直没有停止超越人类智能的脚步。以赫伯特·西蒙（Herbert Simon）等人为代表的强人工智能学派认为，数字计算机拥有与人类旗鼓相当的理解能力，有人甚至认为恒温器都具有某种简单的认知信念。[①]面对巨大的成功西蒙欣喜地讲道，“我可以用最简单的方式做出总结：目前

---

① 李宁宁，宋荣．人—机—思维模型：对赫伯特·西蒙机器发现思想的审思[J]．科学技术哲学研究，2022：88－90．

世界上存在着一些会思考、会学习、会创造的机器。并且它们做这些事情的能力正在迅速提高，在不远的将来，它们处理问题的范围，在时空上将达到人类心灵被应用到的范围……直觉、顿悟、学习不再为人类所专有，任何大型高速计算机都可以通过编程表现出这些能力”[①]。弱 AI 限于对心灵提供一个更为精确与严密的解释，它视自身为工具和方法，强 AI 则认为恰当的程序便意味着具备了理解力。然而，人工智能遭遇的困境告诉我们，不能单纯以操作符号和信息处理的方式来描述人的认知与理解过程。若从哲学解释学的视角看，人工智能难以获得一种区别于计算力和行动力的理解力。在探讨人工智能本身的复杂技术路径之外，本章也利用了海德格尔与伽达默尔的哲学解释学，并给出关于人工智能是否具有人类理解力的哲学审视。

1. 人的理解是一种“在世存在”而非“算法存在”

人的认知总是在理解着。人的生活总是理解的生活，理解具有一种先于它自身被理解的作为生活形式的特征，无论我们是否能理解理解。哲学解释学将人的理解与解释看作统一的整体，解释也可看作人类认知的一种形式，理解转动着认知之轮。海德格尔和伽达默尔将理解视为此在在世的基本形式，解释和理解是构成此在生存的重要环节。需要指明的是，海德格尔的存在论现象学本身即是一种解释学，因为它使理解成为首要的并试图领会理解，解释人已经理解的东西。如果据此考量，人工智能无法实现人类理解的原因在于，人类理解是一种“在世存在”而非“算法存在”。

海德格尔对理解做了颠覆性的重释，他的理解概念突破了传统的意义范畴，由于从存在层次去规定理解，理解首先不是认知主体的一种活动，而是肯定了人的存在。人正是透过理解意识到他存在于世界之中。海德格尔认为，本真的理解存在于此在上手的操劳活动之中，即理解上手器具的因缘，因缘指向了包括此在在内的世界中的其他存在者，事物只有在处于自身的指引关联中才能被视见，理解脱离了指引关联便无所适从，只是一种朴素的看。单独将意义贴到单一的事物之上的行为并不是理解：“解释并非把一种‘含义’抛到赤裸裸的现成事物头上，并不是给它贴上一种价值”[②]。

德雷福斯认为，理解不是一种单纯的智力活动，其首要内涵是“领会”，即会做某事、胜任某事、能领悟某事的能力。他将海德格尔的“源发理解”描述为一种熟练、流畅地应对环境的能力，概念性的理解和解释行为基于我们

① 王璐珂. 赫伯特·西蒙及其对机器定理证明的贡献[J]. 河北科技大学，2021(05)：27－29.

② 杨乃乔. 从“Vernehmen”到“觉知”的多重语际翻译：论海德格尔存在论诠释学对形而上学先验意义的解构[J]. 学术月刊，2023(03)：162－165.

对世界的技能性理解。在他看来，理解是上手器具，所以，理解不是信念系统，而是人们应对世界时表现出来的技能，不能用概念和命题加以约束。德雷福斯阐释的理解，其落脚点置于应对世界(coping with world)的实践技能。马克·拉索尔(Mark A. Wrathall)也指出，海德格尔视域中的理解优先于认知。[①] 与人的认知相比，理解的优先性在于前者是人在世界中的生存方式，虽然理解多呈现为思维、相信和知道等认知现象，但不是所有的理解都存在于认知当中，理解不是由认知获得的知识，而是此在生存论意义上的存在方式。

海德格尔将人的理解看作是一种在世的活动，这种活动被德雷福斯描述为更好地应对周遭环境的技能与能力，是对"理解作为在世存在"的细节展开。在世也就是人的生存、认知以及与世界中的事物打交道的活动。理解不只限于认知，它更涉及人的生存，人在世界中的全部活动都具有理解的成分。人的理解不是集中性、模块化的现象，而是具有离散性的，它默默无声地弥漫于人在世界中的诸多活动中，"我存在并理解着"。如果海德格尔是对的，那么人的理解就是一种"在世存在"，而人工智能依赖的却是一种在物理载体上运行的"算法存在"。算法可以解释人的认知并折射出其具体机制，人工智能所要实现的理解需要从以算法为核心的运行机制中涌现，它对理解的显现不是思辨的自身认知，而是基于数字化语言或计算机语言的、精确的自身认知，这与作为在世存在的人类理解并不同，两者在内容和表述形式上相异。因此，算法也就不能成为沟通人类理解和人工智能的桥梁或中介，人的理解无法凭借算法这样的形式化系统予以规范，它不是"算法存在"。

人工智能的任务是对人类智能、心智和思维的全方位模拟，其最终目的是实现"类人性"。由于理解力是人类智能的一个构成部分，因而成为人工智能所要实现的认知目标，从这种意义上说，人工智能对于理解力的苦苦追求是由它自身的内在要求决定的。在我们看来，这涉及人工智能自身以何种方式存在的问题。作为人工智能突显出了智能体的存在，人工智能的存在论意蕴就成为当代哲学研究的首要问题之一。当前，人工智能呈现出向人机交互、人机结合转化的趋势，使得出现一种后人类的生命/智能体成为可能，人的存在方式以及人工智能的存在方式都有可能产生根本性的转换。"就其革命性的存在论后果来看，人工智能有可能改变或重新定义'存在'的概念，有可能在存在论层面上彻底改变生命、人类和世界的存在性质。"[②]从

---

① 戴小施.人何以为人？——从海德格尔《时间与存在》出发[J].湖北大学学报(哲学社会科学版),2023(05):124－126.

② 舒红跃,陈翔.人工智能:海德格尔存在论的又一条探索之路？[J].湖北大学学报(哲学社会科学版),2022(07):140－142.

人工智能的形态来看，它现在仍处于一种基于信息和数据的“实体的”存在论阶段，而理解作为一种“生存的”存在论阶段，处于人工智能的未来向度，它代表着人工智能自我意识的觉醒，从根本上说，“人工智能是否具有理解力”是人文色彩浓厚的哲学问题，而远不止是一个技术问题。

从功能和技术层面探究人工智能的“理解力”概念可能较为直观，人们在很大程度上依赖神经元网络模型的升级和改进，以及不断得到强化的计算能力。以机器翻译为例，受惠于深度学习技术的长足进步，机器翻译的水平得到了很大提升，有时甚至可以达到人的水准，即便如此，也很少有人认为这样的智能机产生了类似于人的理解能力。既然人是设计和制造人工智能的标杆与尺度，而理解又与人固有的思维模式和情感体验密不可分，那么人工智能需要实现的是人类意义上的“理解力”。就人工智能的运行方式本身而言，字符的输入—输出可以称得上是一种理解，诸多模型则是对现象的理解的过程呈现，只不过没有达到或实现与人类理解的同构。按照海德格尔的看法，人类理解的目的在于以上手操劳的实践方式把握世界，人的理解始终贴近于自己的生存，从这种意义上说，尚未实现“生存”的存在论突破的人工智能不具有处于更高存在论层次的人的理解力。

2. 人工智能的算法不能产生人的“理解”

根据哲学解释学，理解不是方法论工具，它从来也不是一种方法，也不依靠方法实现。理解也不是认知主体利用“客观”“中立”以及不具有任何“偏倚性”的方法获得的某种认知结果。方法本身亦浸透着人类理解，主体与方法不可分离，主体占有方法便意味着理解。

对人而言，未经解释和理解的东西不具有意义，只是较多的文字资料。对人工智能而言，它的核心是算法，是涉及数学以及逻辑推理的模拟人类智能的一种方法，其技术路线本质上是计算化和形式化的，而人的理解却不单是一个形式结构，它是具有意义的复杂现象。其中包含两种含义：人的理解包含着比形式化更加丰富的内容；计算机通过算法展开的计算不等于人的理解过程。

一方面，除逻辑分析之外，人类理解还包含着非形式化的活动。针对计算机是否能够进行理解的问题，塞尔提出了著名的“中文屋论证”，认为形式化的系统不会生成理解行为。[1] 同样地，理解力也不能被形式化为事实与规则的复杂系统，编程的计算机不具有认知状态，程序不是对人类认知的合理解释。塞尔认为，人类理解故事的能力具有这样的特点：在回答有关故事

① 陈成海.评塞尔的中文屋论证[D].杭州：浙江大学，2010.

的问题时,即使所给信息从未在故事中直接提到,他们也有能力回答。也就是说,人作为认知主体具有联想的能力,理解力是认知能力的离散性、跳跃性特征的集中呈现,而计算机是依靠某一套规则将一组形式符号与另一组形式符号相联系的。强人工智能似乎并不看重计算程序的运行过程与人的理解过程之间的本质差异,它在理论上预设了纯形式要素的计算操作,能够定义甚至等价于人的理解活动,认为计算机若能卓有成效地进行"解释",那便具备了"理解力"。塞尔认为这一条件并不充分:"计算机及其程序并没有提供理解的充分条件,因为计算机和程序正在运行,这中间不存在理解,理解不能被纯粹形式化。"计算机可以遵循规则,却无法理解规则,人则是在理解规则的基础上制定、调整并完善规则。理解不是仅仅相信抑或知道相关事实和理论原则,相反,它要求我们"领会"或"把握"这些事实与原则是如何融合在一起的,对于理解某些现象而言,只是正确解释该现象的各种事实和原则是不够的。我们赞同塞尔的主张,即理解包含着诸多层次和类型,它不是简单的二元谓词,当某人说"X 是 Y"时并不能说明他充分理解了 X,仅表示他做出了某种解释。

一般而言,人的理解都是通过自然语言予以表达,计算机擅长信息处理,最终的输出结果体现为形式化的符号。因此不论它做什么,也不论它指何种问题,计算机都要将问题形式化和符号化,也就是"先建立一个形式系统,规定所用的符号、规定符号联结成合法符号串的规则(语法),以及合法符号串如何表示问题领域中的意义(解释)"。[①] 然而理解现象的产生并非构建数学模型那样,可以利用计算机程序进行模拟。语法不等于算法,"自然语言"和"机器语言"之间仍然存在很大差异。前者的标志就在于,它不像"机器语言"那般僵硬,而是保持着可变性,这种可变性不光表现为人类语言的多样性,还在于人能用相同的语言和相同的词句表达不同的事物,或者用不同的词句表达同一事物。人工智能则反其道而行之,意图在预先设定的形式化的系统中再现人的理解机制。然而,理解不是单一的现象,它具有感觉维度以及认知维度,前者是在情感意义上伴随着理解的感觉,后者则是指理解作为一种认知状态的存在,包含着具有真值的信念。理解相当于心灵对某个事物的记忆和想象,但心灵的这一官能无法企及原初感受的力度和生动,即使是最生动的思考也是间接的产物,它无法与最迟钝的直接感官相比。人工智能面对的恰好是感受性的缺失,而这却是理解的重要维度。

另一方面,计算机依照算法展开的计算过程并不等价于人类理解。所谓算法,是指一个关于规则的有限集合,是一个有限、抽象、有效、复合的控

---

① 李雪."中文屋"论证视角下的意向性语义与计算语义问题研究[D].泉州:华侨大学,2021.

制结构，在既定的配置下按照指定命令完成给定的任务，它给出了解决特定类型问题的操作序列，算法具有5个重要特征：有限性（finiteness）、明晰性（definiteness）、输入（input）、输出（output）以及有效性（effectiveness）。

计算机擅长处理没有关联情境的简单形式活动，或者是下象棋这样较为复杂的形式活动。也就是基于算法的确定性或有效的规则或程序，对输入信息进行计算以产生输出，这些简单或复杂的形式过程都剥离了情境的影响，而人的理解需要运用想象或直觉的顿悟，去获取人类生活的不确定环境中产生问题的答案。大多数情况下，我们无须以精确的方式应对和处理生活世界中的诸多事件，亦无须以纯粹理性的计算程序来确定我们的行动与计划。人在面对现实状况时依靠的不是计算，而是理解。

第一，人类理解难以通过计算机的计算或者符号操作过程呈现。彭罗斯认为，人类智能的确体现了一种计算力，但是除了计算力之外，人类智能更多地体现为某种理解力，也许在他看来，计算力具有一种能够依循的客观尺度。[①] 形式化计算难以说明和描述认知与意识活动的主观性特质的根源可能依然是主客鸿沟，依据客观的逻辑规则展开的计算过程似乎难以准确地描述主体内在晦暗、充斥着不确定性的理解活动，计算机的计算与人的理解相去甚远。

第二，有观点认为，人工智能认识与人类认识在本质上是等价的，即人工智能原则上能够模拟和实现人类的理解、意义及意向性，因为通用型人工智能包含的算法可以完整地覆盖人类认知包含的确定性规则部分以及超越规则之上的不确定性部分。这一观点建立在人类理解与算法之间的相关性之上，在我们看来，人工智能一般执行的算法是指能够形式化且依照一定逻辑规则表达的运算序列，它与人们头脑中负责符号推理和形式化计算的认知过程或模式紧密关联。然而，人的理解活动并不完全由认知成分构成，计算和推理只是构成理解的要素之一，是人进行理解活动的助推器，理解还包括体验、知觉、语言以及自我意识。此外，从算法的运行状态看，人工智能的算法是在纯粹理想的环境中进行的，排除了语义不明、情境扰动等情况的干扰。相较而言，人的理解要求具备一种在适当的情境、时机下产生适当行为的能力，它不追求理想化的外部境况。算法与认知的关联并不是促使人工智能产生人类理解力的根据和条件，人工智能的算法所体现的运行机制并不适用于探究人类理解何以产生的逻辑机制。

第三，一个普遍性的原则是：任何通过语言来表达的理论，无论是自然科学还是精神科学，它们作为知识都存在着通过语言从而对语言产生诠释

① 左承承.彭罗斯对意识的量子力学探索及其心灵哲学意义[D].武汉：华中师范大学，2015.

与理解问题。只要对象被语言所染指(不论是自然语言还是人工语言),它便成了一种语言性的存在。只要关联语言,就必然会牵涉被理解和解释的问题,反过来说,一切理解和解释都发生在语言之中,理解者与被理解之物只有在语言中才能构成理解和认知关系。

计算机的人工语言在确定规则时是脱离情境的,依据规则的描述似乎依然能通达对象的结构要素。理解则向情境敞开,解释学告诉我们,理解本身具有一种开放性,理解活动并不存在一个统一的严格标准。也就是说,理解本身似乎是不受规范约束的,理解者的主观创造性使理解呈现出多元化的趋势。相较而言,受算法驱动的计算模型有时在处理具有开放关系和结构的问题时却显得有些手足无措,难以面对生成的多种意义的可能性。更重要的是,在人的理解过程中,历史性已经被内化为普遍的原则,人类理解总是置于一个更大的历史情境当中,理解的历史性特征在很大程度上决定了理解是情境化的。

第四,计算机的计算过程不能充分描述人具有的意向心理状态,并产生意义。福多等人认为计算的目的在于获取有意义的信息,计算是含有语义的过程。然而在塞尔看来,计算系统或模型只是单纯在进行信息加工。[①]比如,我说"两个汉堡加一份炸薯条",同时我在计算机中输入这一句话,两者的差别在于,当我说出这句话时可能会想象某一场景或图像:自己可能在快餐店里点餐,也可能在点外卖,等等。计算机识别的是符号以及符号先前已被确定的意义,但自然语言则与人的社会实践活动相关,它是灵活多样的。正确编程的计算机是在进行计算而非理解,人可以进行理解的原因在于心灵能够将文字符号与意义相互关联,计算机的计算则是依据算法对符号的形式进行操作,某些由当下语境确定的意义不能完全由句法关系体现出来,人的理解活动是对意义的融贯。

第五,人类理解的实现需要算法吗?在有着编程能力和强大算法的计算机面前,我们似乎必须承认它具有了类似于人的认知状态。然而对于人来说,即便是认知也未必总是依照大脑中的"严格算法"展开,算法本身的目的在于使人类原生的信念、意图和思想外在化、逻辑化、可计算化,从这种意义上说,诸如回溯、迭代、递归等算法类型都是对于自然认知的一种"去弊"。计算机通过基于逻辑符号的演绎推理和基于概率统计推理的深度学习技术获得了形式化的确定"经验",计算机的计算过程本身是确定性的,包含着自然认知形式的理解却似乎变动不居。算法本质上就是一种逻辑运算过程,但人的理解却不一定要接受逻辑分析的考量。一方面,理解本身是对意义

① 毛健羽.福多的意向性理论研究[D].西安:长安大学,2021.

的体验，意义是流动的，因此理解弥漫于人的全部活动之中，包括认知、行动、情感等。另一方面，理解受到了理解者自身以及所处情境的影响和制约，呈现出条件性和特殊性。对于在情境和历史中思维和活动的主体来说，理解始终是历史的、情境化的，始终表现出一种“个体性”。尤其在当今的算法时代，保持理解的“个体性”十分重要，由于人们过于依赖“算法决策”，导致了算法歧视和算法偏见现象的出现和盛行。在享受大数据技术带给我们的巨大便利的同时，人工智能的算法偏见也在悄然间贬低甚至排除了人类理解内含的个体观念和成见，人的主体性受到了损害，理解的自由性、独立性也因为算法偏见带来的“思维定势”而存在着被消解的危险。

概言之，人工智能无法通过算法具有理解力，在理解活动中，理解主体和意义并不是通过计算而具有因果关系。计算在信息的输入和输出行为之间建立的对应关系很难产生理解，因为理解者的心理或意向状态是体验式的，很难被符号化。理解不是数据＋算法的必然涌现，理解能力实际上超出了计算力所能涵盖的范围。更重要的是，人的理解并不需要算法的介入，过度依赖算法反而有可能损害人类理解的“个体性”。

5.1.2　人工智能不具有理解力的成因

从哲学解释学的视角来看，理解过程受语言、传统、思维方式以及情绪等等一系列因素影响。人工智能执行的是符号操作的技术进路，接受的是关于科学知识的规范概念，沿袭的是客观主义的认知立场，遵循的是严格、精确的程序与规则。唯有中立的、不带偏见的意识才能保证知识的客观性，对人而言，这确实是困难的，人工智能则成为实现这一设想的典范，它形式化地模拟了人类思维的各种认知功能，从而无限接近理想的目标，即追寻普遍的、无关个体的推理准则。然而，笔者认为，这种功能模拟不能产生类似于人的理解活动，原因在于，首先，人的理解充斥着意识的反思要素，理解同时亦是一种自我理解；其次，人工智能缺乏人的理解的“前结构”，根本上仍然是人工智能的主体性与人类智能的主体性之间矛盾的外化；最后，人工智能自身的主体认知逻辑与人类主体性的理解并不融通。

第一，人的理解是自我意识的“自思”，人工智能缺乏这种能力。人与人工智能的重要区别就在于，前者总是在向着自身的可能性不断地进行筹划和设计，体现出人自身的某种创造性和自主性，表明人类具有强烈的自我意识，它涉及主体对对象的理解程度。人工智能尚不具备自我意识，更没有自我反思和自我觉察的能力，人们大多担忧人工智能可能会通过自主改变自身的程序并创造新的规则，进而衍生出理解与反思能力。就目前来看，即便是模拟大脑神经元网络的人工神经网络也缺乏类似于人的创造性与理解力。人工神经网络只能响应固定情境下的固定特征，无法创造性地响应新的特征和情境，面对滚滚江水，人工智能不会发出“大江东去浪淘尽，千古风流人物”或“逝者如斯夫，不舍昼夜”的感叹。依照规则和算法生成的程序是对事物进行刻画和描述的一种形式，而理解不只是一种创造性的解释，在某种意义上它也是人的自我理解。也就是说，某人对他的理解是有意识的，能够理解自己所理解的内容，理解自产生伊始就包括了反思的东西在内。据此而论，严格按照规则进行计算和推理的人工智能不构成理解，若不考虑内存，它会将无限计算下去。人显然不会这样，他理解到圆周率是无限不循环小数，故以希腊字母 π 指代，如果现在有人无脑地计算 π，我们会感到疑惑。人工智能的程序相当于人类提前输入的思想，是对人类观念系统的外化与复制，反复遵守规则的行动不具有创造性。理解是创造的前提，人借助理解是有可能避开思维陷阱的，比如“二律背反”“飞矢不动”等哲学悖论。人工智能或许永远只会依照规则并在程序预先设定的范围内推理和解决问题。相比之下，人可以理解规则并在这一前提下灵活地运用，甚至会修改抑或废弃规则，这得益于以自我意识为基础进行的自我分析。根据已有的“前见”，即人自身具有的知识背景、文化传统以及信念系统不断修正自己的现有理解，而这正是人工智能缺失的一环。

第二，人工智能缺少人类理解具有的“前结构”。理解的可能性就存在于人向来就有的“前结构”中，它是我们进行理解的前提和基础。理解的“前结构”包括前有、前见以及前把握。前有是先行占有我们的历史、文化和传统；前见是指我们在进行认知和理解时利用的语言和观念，任何状态下的理解都需要语言和观念的参与；前把握是指人在理解之前具有的各种前提和假定，是我们理解和认知必要的知识储备，是由已知推向未知的脚手架与参照系。我们无法从空如白板的心理状态出发展开理解活动，即使“前结构”中存在某些错误的观念与假设，也只能在理解过程中予以修正。关于某物的理解和认知过程在某种程度上也是对自身的前理解结构的重塑。可以说，没有“前结构”，我们不会知道更多东西。

此外，理解主体和理解对象之间存在着循环结构，人自身的“前结构”与理解对象的内容之间交互的结果便是理解。在海德格尔看来，理解过程一直是在先行存在的“前结构”的引导下展开的，这种“前结构”奠定了我们现有的认知框架和模式，反过来，理解过程的推进又会不断地修正我们已有的信念系统。[①] 人们正是依据已有“框架”生成认识和理解，也就是说，人们在理解之前总是已经“有所知晓”，“有所知晓”使人们拥有了在本质上可以被

① 刘明峰.存在与方法：双重视域下的海德格尔实际性诠释学研究[D].上海：华东师范大学，2021.

理解清晰表达的东西。因此，不存在无前提的理解过程，人的心灵从来不是一片认知的空白之地，它具有初始的信息存储。相较而言，计算机如果没有输入程序或者算法，就像没有心灵的躯壳，不具有任何功能状态，更遑论人类理解过程中涌现的灵感和顿悟了。

哲学解释学将“循环”作为理解的一个基本特征，“解释学循环”成为人理解活动需要牵涉的东西。这一循环结构表现在，人作为此自理解之始便置身于一种由前有、前见和前把握构成的背景之中（比如历史文化、传统观念与道德规范等），理解主体正是通过理解的前结构进入了理解的“循环”，任何关于事件、事物的理解都不是单向度的线性模式，这一结构是人的理解“程序”，可由人自主地加以修改和补足。虽然人工智能也必须依靠先行植入的程序和资料数据，例如，“好的老式人工智能”GOFAI预先设定或默认程序系统储存了完备的知识，设想能够以任何方式处理和应对遇到的诸多问题，但异于人自身先有的认知框架和信念系统，人为输入程序系统的知识框架不会自动进行修正和扩容，且人工智能没有能力在运行过程中自主地修正、改变程序或算法中的某些漏洞和错误，程序与算法可以看作是人的“权威前见”在技术上的体现。

人工智能缺乏人类理解具有的“前结构”，其根本原因仍是二者背后的主体性与主体性原则的对立。“前结构”作为人类理解的组成部分，是信息的主体式存储，本质上离不开人的生物学意义上的身体组织，它不与身体相绝缘。人工智能则不属于“生物体”的意义范畴，其本质仍是主体性的人工产物，我们不认为它具有承载主体的“理解前结构”的可能性。

第三，相较于人的理解，人工智能自身蕴含的认识论的逻辑思路与之不同。当前的人工智能主要被划分为3大流派：以好的老式人工智能（Good Old-Fashioned Artificial Intelligence，GOFAI）为代表的符号主义、以深度学习为代表的联结主义和以智能机器人为代表的行为主义，它们背后秉持的认识论是理性主义、经验主义、控制论以及主体理论。证明当前的人工智能不具备理解力的一个关键点就在于考察其认识论逻辑是否与人类理解的内在逻辑相契合，下面我们予以简要分析。

对于符号主义的人工智能来说，世界本身就充斥着逻辑和符号，是由清晰的事实构成的集合体。它以演绎推理为基础，以逻辑分析为方法，从信息加工的角度来研究人类认知，认知过程以计算－表征的模型展开。然而，符号主义人工智能采用的方法一直为人们所诟病，将心智还原为符号化的抽象层次往往难以描述和展现人类心智的丰富内容。可以说，经典算法及其相应的符号主义人工智能较为成功地模拟了人的左脑的抽象逻辑思维。它是以推理和计算为主要代表的理性思维，但人类理解作为一个复杂的、有着多重维度的现象，还包括直观、感受的体验以及带有神秘主义色彩的顿悟。为了应对在世界中遭遇的复杂、不确定的事实，我们自身的理解结构也呈现出复杂性和不确定性的特征。符号主义人工智能的逻辑结构奠基在此规则之上，是以规则统摄信息/数据，但在成功地复制高阶认知能力的同时却将世界过于简化，故而在复杂的事实面前陷入困境、手足无措。显然，符号主义人工智能的逻辑思路并不是滋生人类理解现象的土壤。

同样是“自上而下”的设计路径，以深度学习为代表的联结主义人工智能是以信息/数据来总结规则。通过模拟大脑神经元网络的效用机制和原理，将全部计算发散到人工神经元之间的动态联结，将信息存储于各个神经元之间的连接突触，计算不再由中央处理器集中进行，而是一个并行分布式的过程。基于深度学习的联结主义人工智能抓住了人类认知的自主性和适应性特征，通过“学习学习再学习”的强化机制涌现出智能，人工智能因此产生了某种自我进化、自我超越的能力和态势。然而，以模拟人的学习能力为基础的人工智能是否能够涌现出类人的理解力，我们持怀疑态度。人的确是通过学习获取知识、认识世界从而改造世界，这种“学习认知也使得人具有了指称、定义、理解和构造对象、事实和世界的认知能力”①。深度学习的实现以人类专家提供的大量专业信息数据为逻辑前提，但人的理解活动不必然地需要专家知识的填充。另外，由于深度学习系统是在输入信息和目标信息之间构建一种非线性的映射关系，因而它的算法具有某种不透明性，甚至于不可捉摸，导致连设计者都无法理解的神秘“黑箱”存在，也就是所谓算法不可知的问题。相较而言，人的理解是清楚明白的，不是神秘“黑箱”的输出结果，我理解意味着我知道自己为何理解，除非进行自我欺骗。因此，逻辑上不透明的算法不能实现逻辑自明的人类理解，以深度学习为代表的联结主义人工智能也无法具备类人的理解力。

行为主义人工智能所秉持的认知观是：智能源自感知和行动，它是在与环境的相互作用中得以体现的，认知就是身体应对环境的一种活动，是智能系统与环境的交互过程，是在不断适应周围复杂环境时所进行的行为调整。它取消了符号表征和逻辑推理，强调智能系统在世界中的自适应行动，“通过建构能对环境作出应对的行为模块来实现人工智能”②。在我们看来，这一系统形成和展现出的行动与人类本身的行动是不同的，前者呈现刺激—反应的映射关系，后者呈现的是理解关系。行动是理解的外化，人既因理解而行动，又在行动中丰富着理解，而行为主义人工智能模拟的行动之中并不包含理解的要素。换句话说，通过模拟人的行动而设计的人工智能也不具

① 魏斌.符号主义与联结主义人工智能的融合路径分析[J].自然辩证法研究，2022(02)：23－25.

② 曹婷.论行为主义人工智能的哲学意蕴[J].齐齐哈尔大学学报(哲学社会科学版)，2023(03)：23－24.

有理解力。

总体来看，一方面，当前流行的人工智能关注的是“人如何认知”以及“人如何行动”的问题，希望以对人类计算力和行动力的成熟模拟和分析为跳板，跃入更高智能层次的理解力。它们实现的是各自意义上的“理解”：推理计算、学习和行动，这些都是人类理解的片段或部分，它是兼蓄理性、体验、直觉和行动的复杂现象。另一方面，人工智能蕴含的内在逻辑仍然是主体认知的，不论是深度学习、强化学习还是类脑人工智能，都在刻画人类神经系统的运作细节，模拟神经回路的计算，却将认知的主体性忽略了。人类理解之所以复杂，根本原因可能就在于大脑不是唯一的理解器官，还有身体的参与，人工智能的算法依赖的是“硬件”，而人的理解则是靠“湿件”。

人工智能的发展使人们产生了关于其能否具有类似于人类理解力的期盼。经过分析后我们认为，主体的算法限制了人工智能获得理解力，构成人工智能核心的算法对于人类理解来说并不必要，后者本质上不需要算法的介入。当前人工智能的主要流派也都是从各自的维度朝着“理解力”的金字塔尖推进，它们实现的只是一种“人工理解力”，仍然没有实现带有自然和文化属性的人类理解力。如果未来能够出现将计算、学习和行动相整合的“超级人工智能”，也许实现人的理解力是可能的，但就目前而言，人工智能的“理解之路”依然道阻且长。

5.2　用户界面与人机交互系统

5.2.1　用户界面与人机交互系统基础技术

用户界面与人机交互是现代信息产业发展的关键技术之一，也是近年来电子信息产业创新的热点，介绍了用户界面与人机交互技术发展现状和国内外标准化情况，并分析了用户界面人机交互领域的标准化发展方向。

最基本的用户界面与人机交互技术包括文字交互和图形交互，其中文字交互涉及键盘布局、手写笔的界面、基于手势的界面；图形交互包括图形、图标、符号设计。

现阶段人机交互理念从计算机系统“执行命令”逐步发展成计算机系统能够更加“善解人意”，语音交互、信息无障碍、智能感知、可穿戴等多个细分领域应运而生。

以语音识别技术为核心的语音交互方式是用户界面与人机交互中的重

要组成部分，采用语音识别技术让计算机理解人的语音，通过语音来控制应用软件的操作，采用语音合成技术将原先文字输出用人能听懂的声音播放。这种交互方式改变了人们按键操纵的传统概念和习惯，使人机交互过程更加自然、人性化。对无法使用视觉输出设备和键盘屏幕等输入设备的人群和应用场合，如盲人、汽车驾驶等，通过语音交互实现信息沟通无障碍具有不可替代的作用。

信息无障碍考虑的是身体机能差异人群（包括残疾人以及老年人等）在人机交互方面的特殊需求，根据 GB/T 26341—2010《残疾人残疾分类和分级》，我国残疾人按照残疾类型划分为视力残疾、听力残疾、言语残疾、肢体残疾、智力残疾、精神残疾和多重残疾，该领域涉及辅助技术、用户代理、读屏、点屏技术等。

智能感知是基于生物特征和传感器技术，以自然"语言"（表达）和动态"图像"（信号）的理解为基础的"以人为中心"的智能信息处理和控制技术，该领域涉及传统智能感知设备、三维输入设备、语音感知技术、基于手势的感知技术、视线追踪的感知技术、表情识别自然语言理解。

随着全球可穿戴产品市场的日益兴盛，不同形态的可穿戴产品将从各个方面进入人们生活，未来几年可穿戴产品将给其他消费类电子产品带来颠覆性的冲击。传统硬件技术、新型人机交互技术、传感技术、云应用服务与大数据等多种关键技术的发展丰富了可穿戴产品的功能，使得可穿戴产品支持人与设备间的文字交互、图形交互、语音交互、体感交互、智能感知交互等功能。

5.2.2 用户界面与人机交互标准化

1. 国际标准化

ISO/IEC JTC1/SC35（用户界面分委会）在优先满足不同文化和语言适应性要求的基础上，制定信息和通信技术（(ICT)环境中的用户界面与人机交互规范，并为包括具有可访问需求或特殊需求的人群在内的所有用户提供服务接口支持标准化，具体包括：

①信息无障碍（要求、需求、方法、技术和措施）；

②文化和语言的适应性和可访问性（如工业 CT 产品的语言和文化适应性的能力评估、协调的语言等价物、定位参数、语音信令菜单等）；

③用户界面的对象、操作和属性；

④系统内控制和导航的方法与技术，视觉、听觉、触觉和其他感觉方式

（声音、视觉、移动和手势等）的设备和应用；

⑤用户界面的符号、功能和互操作性（如图形、触觉和听觉图标，图形符号和其他用户界面元素）；

⑥ICT 环境中的视觉、听觉、触觉和其他感觉方式的输入/输出的设备和方法（如键盘、显示器、鼠标等设备）；

⑦移动设备、手持设备和远程互操作设备和系统的人机交互要求和方法。

目前，ISO/IEC JTC1/SC35 正在制定 14 项多部分标准：ISO/IEC 9995《信息技术　文本和办公系统的键盘布局》、ISO/IEC 13066《信息技术　辅助技术（AT）互操作性》、ISO/IEC 17549《信息技术　菜单导航的用户界面指南》、ISO/IEC 30109《个性化计算机环境的全球适用性》、ISO/IEC 30113《信息技术　跨设备和方法的基于手势的界面》、ISO/IEC 30122《信息技术　用户界面　语音命令》等，已经制定的 56 项标准涉及文字交互、图形交互、信息无障碍等领域。

ISO/IEC JTC1/SC35 在语音界面和基于手势界面等领域活跃度较高，并积极推进了可访问性应用接口等方面的工作，同时考虑向用户界面组件可访问性领域进一步发展。

ISO/IEC JTC1/SC35 计划持续关注用户需求、面向产品和由市场驱动的标准，以及推动具有明确定义和具体规范的新项目。

2. 国内标准化

我国在用户界面与人机交互标准化领域已经奠定了一定的基础，制定了 GB/T 2787－1981《信息处理交换用七位编码字符集键盘的字母数字区布局》、GB/T 18031－2000《信息技术　数字键盘汉字输入通用要求》、GB/T 19246－2003《信息技术　通用键盘汉字输入通用要求》等标准。目前，又开始面向特殊群体制定相应的支持人机交互的标准，如 GB/T 29799－2013《网页内容可访问性指南》。总体来说，我国在该领域起步较晚，相比国内、国外，存在较大差距。

2013 年，全国信息技术标准化技术委员会成立用户界面分技术委员会（以下简称分委会），负责制定和完善我国用户界面与人机交互领域的标准体系和相关国家标准，对口 ISO/IEC JTC1/SC35 的相关工作，并根据我国用户界面与人机交互技术发展情况，增加了语言和语音相关的人机交互技术和产品要求、智能感知人机交互要求和方法、新型人机交互技术等研究方向。分委会组织机构详见图 5－1。

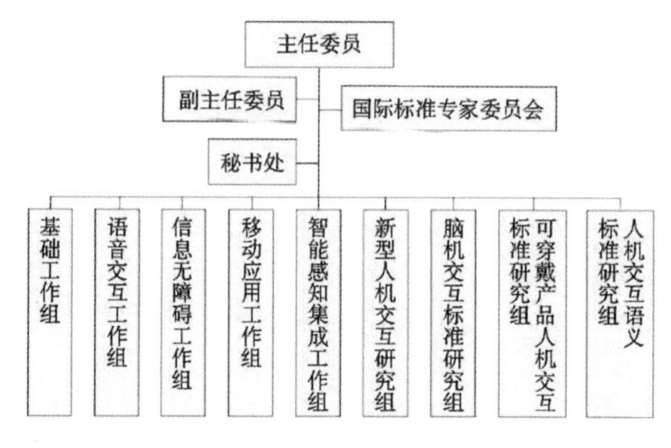

图 5-1　分委会组织机构

基础工作组负责基础技术和标准化保障规范研究，包括基础术语、用户需求研究、标准化工作指南和共性、基础标准的研制。

语音交互工作组主要研究与制定中国国内语言和语音领域的人机交互相关标准。

信息无障碍工作组研究与制定与身体机能差异人群相关的人机交互标准，包括发现身体机能差异用户的需求、研究通用解决方案、制定相关标准以及推广实施等。

移动应用工作组包括基础、文字交互、触屏交互、语音交互、手势交互、体感交互和信息无障碍等相关的技术标准。

智能感知集成工作组主要包括语音、触控＋语音、头部动作感知、嘴部动作感知、表情识别、手势识别、身体动作感知、重力感应、位置感知、位置定位等技术与应用的标准化。

国际工作组与国内工作组对应关系(见表 5-1)。

表 5-1　国际工作组与国内工作组对应关系

ISO/IEC JTC1/SC35	全国信标委用户界面分委会				
	基础工作组	语音交互工作组	信息无障碍工作组	移动应用工作组	智能感知集成工作组
WG1(键盘和输入接口)	√				
WG2(图形用户接口及互操作)	√				
WG4(移动设备的用户接口)	√			√	
WG5(文化及语言的适应性)	√	√			
WG6(用户界面的可访问性)			√		
WG7(用户接口对象，操作和属性)	√				
WG8(远程操作的用户界面)				√	√

为了更好地研究新型交互技术，分委会在原组织机构的基础上成立了新型人机交互研究组、脑机交互标准研究组、可穿戴产品人机交互标准研究组和人机交互语义标准研究组，以及在新领域展开研究。

目前拟申请立项的标准包括《智能家用电器语音交互能力分级评价技术规范　第 1 部分：通用要求》《信息技术　智能语音交互测试方法　第 1 部分：语音识别》《手机智能语音交互测试标准》《信息技术智能语音交互系统　第 5 部分：车载终端》《可穿戴产品应用服务框架》《可穿戴产品数据规范》等。

根据国家标准委发布 2014 年第一批国家标准制修订计划，用户界面与人机交互领域的四项标准计划包括《信息技术　声韵调三拼输入通用要求》《中文语音识别终端服务接口规范》《中文语音合成互联网服务接口规范》《中文语音识别互联网服务接口规范》。

现阶段正在制定的三项无障碍国家标准包括《读屏软件技术要求》《信息技术　包括老年人和残疾人的所有用户可访问的图标和符号设计指南》《信息技术　用户、系统及其环境的需求和能力的公共访问轮廓框架》。

现阶段修订的标准 1 项 GB/T 18031－2000《信息技术　数字键盘汉字输入通用要求》。

3. 用户界面与人机交互标准化发展方向

国际标准化方面，我国用户界面与人机交互领域中的语音交互、信息无障碍等标准化工作越来越活跃，参与国内外标准制定工作的热情也逐渐高涨。由于我国用户众多，其需求也受到国际标准化专家的普遍关注。考虑到我国国情和文化等特殊性，我国应尽量深入地参与到更多的国际性会议和国际性学术团体中，努力加快我国该领域标准化进程。

国内标准化方面，为适应面向行业应用创新的需要，应着力开展语音交互、信息无障碍和可穿戴产品等领域的标准体系架构搭建和重点标准研制工作。其中：

①语音交互方面，汽车的智能化和信息化已进入实质性发展阶段，推动了智能语音技术在汽车电子领域内的广泛应用。然而智能车载语音交互技术的应用涉及产业链上的各类技术服务机构，如整车厂、智能语音交互技术提供商、智能车载系统厂商、行业知识库提供商等，这些技术环节面向智能车载语音交互系统需求的分类定义、性能指标、功能定义、接口制定等存在空白。目前，我国正在积极推进《智能车载语音交互系统规范》标准立项工作。

②信息无障碍方面，可积极采用适合我国实际情况的国际通用的标准，

在此基础上,结合我国信息无障碍的具体需求,自主制定类似读屏软件技术要求和测试方法类型的标准。

③可穿戴方面,可穿戴产业正处于发展孕育期,市场发展前景十分广阔,产品竞争日益激烈。因此在产品发展初期应做好规划,对可穿戴产品的分类、数据、应用服务类型进行规范,为后续产业发展奠定基础。目前我国正在积极推进《可穿戴产品分类与标识》《可穿戴产品数据规范》《可穿戴产品应用服务框架要求》等标准立项工作。

5.3 嵌入式系统

5.3.1 嵌入式系统的基础

计算机和软件最显著的用途是处理人们所使用的信息。我们用计算机和软件编写教材、在网上搜索信息、通过电子邮件进行通信以及跟踪处理数据。然而,还有部分应用中的计算机并非如此显而易见,这些计算机常运行于汽车上的引擎、刹车、安全气囊和音响系统中,它将这些系统中的数据进行数字编码,并转换成无线电信号,然后从手机发送到基站,它们控制微波炉、冰箱和洗碗机。它们运行各种打印机,从台式喷墨打印机到大型工业用的高容量打印机。它们指挥车间里的机器人、发电厂的电力生产、化工厂的各种工序,以及城市的交通灯。它们在生物样本中搜寻细菌,构建人体内部图像,以及测量生命体征。它们处理来自太空的无线电信号,寻找超新星和外星智慧生物。它们给人类生活带来各种玩具,而且让这些玩具能对人的触摸和声音有所反应。它们控制飞机和火车。这些不显眼的计算机称为嵌入式系统(embedded system),而在嵌入式系统上运行的软件称为嵌入式软件(embedded software),尽管嵌入式系统得到如此广泛的应用,但是从计算机科学相对短暂的发展历史来看,它主要致力于信息处理。直到最近,嵌入式系统才受到研究人员的更多关注。研究界认识到,设计和分析嵌入式系统所需的工程技术与通用计算机系统是不同的。尽管嵌入式系统从20世纪70年代就开始应用,但是长期以来,这些系统被简单地视作小型计算机。最主要的工程问题是如何运用有限资源(有限的处理能力、有限的电源、小型存储器等)。这样一来,工程挑战成为优化设计。该学科与计算机科学的其他方面相比并没有什么独特的地方，而它更加注重优化设计这方面功能。

目前，研究界认为，嵌入式系统中最主要的挑战不仅来自它们与物理过程的相互作用，更多的挑战来源于有限资源的匮乏。“Cyber－Physical System”(CPS)这个术语由美国国家科学基金会的 Helen Gill 提出用于描述计算与物理过程的简介。在 CPS 中，嵌入式的计算机和网络通常采用反馈回路来监视和探索物理过程，在反馈回路中物理过程和计算相互影响。因而，这种系统设计需要理解计算机、软件、网络和物理过程的动态融合。正是对于动态融合(joint dynamics)的研究将这个学科与其他学科分离开来。

在研究 CPS 的过程中，会遇到一些在通用计算中很少出现的关键问题。例如，在通用软件中，执行一个任务的时间与性能相关，但不与正确性相关。执行一个任务耗费更多时间并不是不正确的，而是不太方便，因而不那么有价值。但是在 CPS 中，执行一个任务所需的时间性能对系统的正确功能表现至关重要。与信息世界相反，在物理世界中时间的流逝是必然的。

而且，在 CPS 中许多事情会同时发生。物理过程是许多同时发生事情的组合，这与深深植根于程序步骤中的软件进程不同。Abelson and Sussman 将计算机科学描述为“程序化认识论”(procedural epistemology)，即知识贯穿于整个程序。[①] 相对而言，在物理世界中，过程很少是程序化的。物理过程是许多并行过程的组合，通过调和影响这些过程的行为来对这些过程的动态状况进行测量和控制是嵌入式系统的主要任务。因此，并发性是 CPS 固有的。在设计和分析嵌入式软件时，许多技术挑战源于须建立原来顺序的语义与本质上并发的物理世界之间的桥梁。

当今，使计算机与物理过程协作需要复杂的技术和底层的设计。因此嵌入式软件设计人员不得不将中断控制器、存储器架构、汇编级编程(以开发专用指令或进行精确的时间控制)、设备驱动程序共同运行。

应用模型有一个很大的优势。模型具有形式上的特性。可以利用模型定义事件。例如，可以断言一个模型是确定性的(deterministic)，也就是说，给定相同的输入，它总是产生相同的输出。系统的任何物理实现都不能进行这样绝对的断言。如果模型是对一个物理系统的良好抽象(在此，“良好抽象”是指它只忽略了一些无关紧要的细节)，那么模型的决定性断言可以增加系统物理实现的可靠性。这种可靠性是极具价值的，尤其对于嵌入

① Harold Abelson, Julie Sussman. 计算机程序的构造和解释[M]. 北京：机械工业出版社，2004：133－140.

式系统而言，其出现的故障能危及人的生命。通过学习系统模型可以了解这些系统在物理世界中是如何运行的。

我们的重点是软件和硬件与所处物理环境的相互作用。这就要求对软件和网络的时序动态进行明确建模并精确描述应用中固有的并发特性。事实上，实现技术还不能满足这一要求，这当然不能成为我们传授错误的工程方法的理由，而应该按照设计和建模应该有的形式进行教学，并以如何通过最新技术（部分）实现这些目标的关键表述来丰富其内容。因此，当今的嵌入式系统技术，不应该如上述许多教材那样，被描述成一大堆事实和技巧，而应该脚踏实地逐步实现合理的设计实践，重点应该放在什么是合理的设计实践，以及如今的技术如何阻碍和实现它。

Stankovic et al. 支持这一观点，指出“现有的 RTES（实时嵌入式系统）设计技术并不能有效地支持可靠而鲁棒的嵌入式系统开发”①，提出了需要提高编程抽象化的水平。② 我们认为，只提高抽象化水平是不够的，应该从根本上改变所使用的抽象。例如，如果没有建立于其上的底层抽象，软件的时间特性则不能有效地利用更高层次的抽象。

我们需要采用鲁棒性好、可预见且具有可重复时序动态的设计，③这必须通过建立能适当反映信息物理系统实际情况的抽象来实现。其结果将使 CPS 的设计更加复杂，包括更多的自适应控制逻辑、时间演化，以及安全性和可靠性的提高，而避免设计的不稳定性。

除了处理时序动态，CPS 设计总是面临并发问题的挑战。由于软件植根于顺序抽象，并发机制（如中断和多任务处理，利用信号和互斥锁）变得非常重要。因此，我们在本书中特别强调对线程、消息传递、死锁避免、竞争条件和数据决策等关键内容的理解。

5.3.2 嵌入式系统在物联网时代的应用

介绍了嵌入式系统的相关内容，分析嵌入式系统与物联网的关系，深入探讨嵌入式系统在物联网时代中的有效应用以及安全性，旨在加强对嵌入式系统的研究，充分发挥嵌入式系统的作用，推动物联网技术的大力发展，

---

① 张凯龙，吴晓，苗克坚．面向新工科的嵌入式系统知识体系创新研究[J]．无线互联科技，2019(9)：111．

② 梁具，艾云峰．实时嵌入式系统并发程序检测方法研究[J]．装备学院学报，2014，25(04)：94－100．

③ 陶孝锋，李雄飞．铱(Iridium)系统介绍[J]．空间电子技术，2014(03)：43－48．

提高信息服务水平,顺应时代发展趋势,逐步实现城市的智慧化发展。

21世纪是一个信息技术时代,计算机信息技术被广泛应用于各个领域,改变了人们的生产、生活方式。通过物联网技术可以实现不同类型信息之间的传播,应用嵌入式操作系统,可以确保信息的专一性,提高物联网系统的服务水平。随着科学技术的迅猛发展,必须充分认识嵌入式系统的重要性,并有效应用于物联网中,以优化资源配置,提高资源利用率,降低劳动强度,实现智能化发展。

1. 嵌入式系统的相关内容

(1)嵌入式系统

嵌入式系统可将计算机嵌入不同的应用系统中,以满足不同人群的需求。嵌入式系统的优势就在于其具有针对性,可服务于不同的对象,满足多样化的需求。在物联网时代中运用嵌入式系统,在信息传递和性能方面有更大的优势。嵌入式系统依赖于先进的科学技术现代通信设备的发展,为嵌入式系统的运营提供了重要保障,可确保信息之间的有效传递,提高工作效率。

(2)嵌入式系统结构

嵌入式系统必须完全嵌入受控器件内部,常见的系统有两种,一种是硬件系统,另一种则是软件系统。嵌入式系统设备也分为两个部分:一部分是系统执行设备,另一部分则是计算机系统。计算机系统由软件层、系统软件层、硬件层和硬件抽象层组成,具有较好的兼容性。硬件层系统性能一般,对指令信息的处理速度并不快。而硬件抽象层,则可以将软件层和硬件层有效分离,形成独立的功能区域。这种结构的优势在于开发系统的时候,能够避免两者之间的相互干扰,保障开发效率。

(3)嵌入式操作系统

在嵌入式系统中,操作系统是重要的系统软件,与其他硬件有着一定的关联性。操作系统和硬件模块具有一定的紧密性,有利于挑选功能性信息,也可丰富模块内容,提高硬件模块的功能,满足系统需求。嵌入式操作系统的应用,在智能化时代逐渐完善,具有较好的独立性,而且在运行方面比较稳定,能够支持网络功能,接口处也较为标准。

(4)嵌入式系统的发展过程和特点

嵌入式系统主要经过了三个发展阶段,第一个发展阶段即早期的嵌入式系统,主要是指专用计算机或是基于单片机的可编程控制器,其功能主要有伺服、监测等,常被应用于工业领域中。第二阶段的嵌入式系统,开始出现高端嵌入式CPU,产生了嵌入式操作系统,这一阶段的嵌入式系统能够对复杂的应用程序进行开发，支持操作系统。第三阶段的嵌入式系统则主要以芯片技术和互联网技术为主，也是快速发展阶段。

嵌入式系统具有以下特点：一是专用性和针对性强，主要是针对某一个特定应用来创建和设计。二是其体积比较小，嵌入式系统能够利用芯片技术来负责计算机系统中的多项任务，所占空间并不大。三是具有实时性。在应用嵌入式系统时，能够实时获取相应的数据信息，进行实时监控，并做出相应的处理和控制。四是具有可剪裁性。嵌入式系统的供应者，能够提供多样化的硬件设备、软件系统来供用户选择，同样的硅片面积有着更高的性能。五是具有较好的可靠性。嵌入式系统在运行过程中具有安全性，适用于复杂的环境中，系统运行较为稳定。六是功耗较低。由于嵌入式系统的宿主对象大多是一些小型应用系统，无大容量电源的支持，只有不断地降低功耗，才能满足应用需求。

(5)嵌入式系统具备的功能

嵌入式系统具备以下功能：一是具有管理能力。嵌入式操作系统通过应用射频识别技术和传感技术，能够实施有效的控制管理工作，可有效接收网络中的各项信息数据，并发送信息。例如，在工厂生产中应用智能传感器设计嵌入式系统时，可在短时间内执行命令，开启睡眠状态，降低能量消耗。二是具有扩展性和可伸缩架构。嵌入式系统在新技术支持下，具有一定的扩展性，在操作处理方面也较为灵活。三是具有互联网功能。具备一定有线通信功能和无线通信功能，也支持各类公共无线通信。无论是不同的链路层，还是物理接口上的协议之间，都能够有效转换，获取相应的数据，然后再发送其他协议报文，最终再回到互联网协议中。四是具有安全性能。物联网设备所使用的多是资源微处理器，在安全保护方面更加便捷，而且逐渐成熟的加密技术能够在一定程度上避免嵌入式系统设备受到威胁，安全性更高。五是充分利用了计算机技术，支持互联网协议，在设备管理方面较为灵活，而且能够升级远程固件，具有可靠的数据储存能力。

2.嵌入式系统和物联网的关系

物联网技术是融合了多门学科的综合性技术，利用物联网技术能够使物体和物体、人和物体之间构建关联，充分利用信息传感设备，实现人和物、物和物之间的信息交流。嵌入式系统是一种先进的计算机技术，在不同的情况下应用嵌入式系统，能够呈现出不同的产物，可融合于多种技术之中，如传感技术、自动控制技术等。因此，物联网与嵌入式的区别在于它们的侧重点不同。物联网着重于连接和智能化，而嵌入式系统着重于功能实现和硬件/软件开发。同时，物联网的范围更加广泛，包含了各种不同的物品，而嵌入式系统则更加专注于特定的电子产品或设备。目前,在某种程度上可以说嵌入式系统是物联网设备功能中的一部分,两者之间的差异会随着专业技术水平的提升而缩小。简单的嵌入式系统,与物联网设备之间有一定的区别,复杂嵌入系统已经达到了物联网设备的定义要求。

3.嵌入式系统在物联网时代中的有效应用

(1)传感器技术应用

在嵌入式系统物联网中有效应用传感器技术,有利于实现物联各对象之间的信息交换,为人们的生活带来极大的便利。传感器技术具有极高的信息感知能力,不仅能够实现信息共享,还能够在第一时间内及时更新信息,有着较好的应用效果,尤其是在智能化传感器装置的实际应用中,更是取得了显著的成效,是当前应用最为广泛的传输设备之一。智能传感器的应用,需要嵌入式系统技术的支持,根据实际情况来选择适宜种类的传感器,充分发挥传感器技术的作用,保证信息计算的准确性,避免重复性计算,有利于提高信息计算效率。有效融合传感器技术,能够进行人、物之间的信息数据采集,起到有效的通信连接作用,不仅可以输出信息,而且还可接收信息。

(2)全面智能技术应用

在物联网时代,嵌入式系统可引入综合智能技术,在一定程度上规避信息传递过程中的信息干扰,通过对影响信息传递的因素进行分析,并采取相应的预防措施,保证信息传递质量。全面智能技术的应用,依赖于科学技术的创新,随着智能技术的大力发展,给人们带来了更为便捷的服务,也满足了人们的需求。如各个社区的监控系统是一种基于全面智能技术的嵌入式系统装置,由以下几个部分组成:一是检测设备。对社区周围的环境进行全面监督。二是控制装置。具有一定的报警功能,可及时发现社区中的外来非法入侵者,以及火灾、煤气泄漏等威胁,并发出警报信息,直接传送于智能主机,有利于及时补救解决,尽量避免人员伤亡,降低经济损失。三是智能主机。接收各类监控信息和报警信息,并做出相应的指令,给相关管理人员提供可靠的依据,规避危险的发生。监控系统这种智能嵌入式系统设备的安装,能够提高社区环境的安全性,给人们的生活带来保障。

(3)射频识别技术应用

嵌入式系统的应用离不开射频识别技术。物联网中,射频识别技术有着重要地位,是嵌入式系统与传感技术的有效融合,能够在确定目标之后,读写与目标相关的各项数据。射频识别系统中的标志性组成部分有两个,一是标签,二是读卡器,每一个射频识别设备都有相应的识别码,能够进行有效的标记。接收标记电路发送的特殊无线信号，能够从中读取识别码的信息。运用射频识别技术的优势在于，其所使用的电子标签无须额外进行供电，标签体积较小，方便物体运输，而且成本更低。基于此，物联网时代下，嵌入式系统的应用愈加广泛，具有较好的时效性，处理信息的效率高、速度快，而且功能消耗量较少，符合社会发展需求。正是因为传感器技术、计算机技术提供了技术支持和保障，物联网与嵌入式系统才能够实现有效融合。

(4)嵌入式系统在物联网时代中应用的安全性

①嵌入式系统在物联网时代应用中面临的安全问题。嵌入式系统在物联网时代应用中还面临着一系列的安全问题，主要表现在以下方面：一是物理性安全。如硬件组件受到物理性损伤，系统设备被人为破坏，或是其他因素带来的物理性损伤，这都会导致嵌入式系统出现严重安全事故，造成较大的危害，而且修复成本较高。二是网络病毒。在物联网中应用嵌入式系统，需要与互联网相连接，相对于局域网来说，互联网感染网络病毒的概率要更大一些，如若受到病毒攻击，则会影响嵌入式系统的运行，引发严重的安全问题。三是软件安全性问题。在嵌入式系统运行过程中，如人员违规操作，或是未对嵌入式系统进行有效的运行维护，则可能引发软件方面的安全问题，大大降低嵌入式系统运行的稳定性。

②解决嵌入式系统安全问题的有效措施。在物联网时代应用嵌入式系统，为解决其安全问题，应当做到以下几点：一是要做物理安全防护工作。可根据嵌入式系统中存在的物理性安全问题，采取相应的措施加强安全防护。一方面要设置安全的防护操作间，另一方面要制定完善的设备检修制度，定期对设备进行有效维护，发现其中存在的故障并及时处理，确保设备能够正常运行。可通过巡检的方式来保证嵌入式系统的运行质量，使之更加稳定。二是可在系统中安装杀毒软件，这也是当前嵌入式系统安全防护的主要方式。常见的杀毒软件如金山毒霸、360杀毒软件等，均能够起到有效的防护效果，可消灭系统中存在的病毒，按照指令来进行信息传输，实时保护系统的运行。三是要定期更新软件，这是因为软件中涵盖了较多的数据文件，部分文件是历史性文件，还有部分则是系统中的垃圾文件，过多堆积会影响系统的运行效率，造成系统运行故障，影响其安全性。因此，需要通过更新和升级软件来进行清理和维护，保证嵌入式系统运行的可靠性。

在物联网时代中应用嵌入式系统，具有重要的意义。通过加强对嵌入式系统的研究，明确嵌入式系统和物联网的关系，并将其有效应用于物联网中，从而促进物联网的健康发展。与此同时，还要重视对物联网中嵌入式系统运行的安全维护，针对其存在的安全问题，采取针对性措施来加以解决，以此来保障嵌入式系统运行的稳定性，提高其运行效率。

5.3.3　嵌入式系统低功耗设计研究

嵌入式系统的设计较为复杂，其中涉及诸多内容，如何对系统进行低功耗设计，则是设计的重点和难点所在。究其根本，嵌入式系统并不具备持久电源供应支持，多是选择电池为系统提供电力支持，并且很多的嵌入式系统均会受到质量、体积等因素限制，因此无法提供大电量支持。嵌入式系统运行中，部件产生能量也会加剧功耗，为了解决散热问题会进一步加剧系统功耗。关于嵌入式系统的低功耗设计，需要综合考量集成电路工艺、硬件和软件等内容，设计最佳的低功耗方案。本节就嵌入式系统低功耗设计展开分析，在分析导致功耗大的因素基础上，结合原理选择最佳的低功耗设计方法，以求提升设计有效性。

嵌入式系统的持续发展和完善，凭借其优势逐渐成为电子信息产业中不可或缺的组成部分，尤其是 GPS、智能手机和 PDA 等产品的涌现应用，嵌入式系统设计优化则成为工程重点关注的内容。低功耗设计是嵌入式系统设计重点和难点，对设计人员的挑战较大，需要契合实际情况编制合理的低功耗设计方案。降低系统功耗，可以满足电池驱动需要，缩短电池更换周期，提升系统运行性能，节能降耗、保护环境。同时，现场总线领域中低功耗设计，是实现安全要求、解决电磁干扰的有效途径，对于嵌入式系统高性能运行具有积极作用。

1. 嵌入式系统功耗的产生的原因分析

(1)集成电路功耗

导致嵌入式系统功耗的原因多样，其中集成电路功耗较为常见，具体可以划分为：CMOS 和 TTL 两种类型，只要有电流通过就会出现功耗。

①电路中开关功耗，是电容充放电形成的。

②短路功耗，是开关联通电源时，到地形成通路导致的。

③动静态功耗。电路在高低压水平时，电路所产生的功耗较为平稳，即静态功耗；电路翻转中的功耗，电路翻转瞬间产生较大电流，存在跳变沿，属于动态功耗范畴。市场上多数电路为 CMOS 工艺，主要考虑的是动态功耗，静态功耗几乎可以忽略，如何有效降低功耗则需要从动态功耗方面着手解决。

④漏电功耗。此种功耗类型，多是反向偏压电流与亚阈值导致，由于

CMOS 工艺制作的电路，不会产生较大的功耗，不需要纳入考量。

(2)有源器件功耗与电阻功耗

一般情况下，寄生元件与负载器件功耗，在转换开关时会产生较大的电压与电流，不可避免地增加功耗。内部与外部电容充放电的功耗，是目前电路中最大功耗。

2.硬件低功耗设计

(1)低功耗器件

选择低功耗器件是一个有效降耗的方法，多数半导体工艺为 CMOS 工艺与 TTL 工艺，前者功耗低，凭借其优势广泛应用在电路中。基于 CMOS 工艺的电路，闲置输入端不用悬空，可能存在感应信号影响到高低电平转换，如果转换高低电平会产生一定功耗。另外，嵌入式系统的硬件核心为处理器，处理器运行功率大，为了减少电能损耗，应优先选择低功耗处理器。低功耗访存部件、低功耗通信收发器和外围电路，多方面降低嵌入式系统功耗，满足系统运行需要。

(2)低功耗电路形式

实现某一功能并非只有一种电路形式，低功耗电路形式可以选择大规模集成电路或小规模集成电路、分立元件实现，减少元器件数量，相应的嵌入式系统功耗便会随之降低。基于此，优先选择高集成度的元器件，使用少量的原件起到减少功耗作用。

(3)单电源和低电压供电

部分模拟电路可以选择单电源或是正负电源等供电方式，优先选择双电源供电方式，具有输出对地、输出信号的功能，而高电源电压的动态范围较大，尽管性能高，但是却会产生较大的功耗。如，放大器 LM324，单电源电压 5V～30V，如果电源电压 10V，功耗大概在 90mW 左右；电源电压 15V，功耗则是 220mW。从中可以看出，越低的供电压，器件的功耗越低，在低功耗设计中也可以选择小信号电路，用于降低功耗。

(4)分区/分时供电技术

由于嵌入式系统特性、构成多样，为了降低系统功耗，基于分区/分时供电技术可以有效降低系统能耗，部分电流休眠，只需要保留工作部分电源即可，其他不工作电源关闭，以此来起到降低能耗作用。

(5)电源管理单元设计

处理器是系统重要的元器件，高性能运作时所产生的功耗较大，待机运行状态所产生的功耗不高。一般情况下，主要有掉电方式和空闲方式两种待机形式。前者是停止处理器运行，中断也不会快速响应，复位后才可以转变掉电方式；后者基于中断发生，外部事件供给中断。嵌入式系统运行调整为空闲方式来降低系统整体功耗，如果有外部事件出现，基于事件的中断信号来调整 CPU 正常运行。如果正处于掉电方式状态，需要选择复位信号唤醒，系统方可正常运行。

(6)I/O 引脚供电

输出引脚输出高电平，所产生的电流大概为 20mA，可以作为电源支持某些电路运行。如果外部器件功耗低于处理器 I/O 引脚高电平输出电流标定功耗，才可以保证电路正常。

(7)智能电源设计

低功耗设计的一个重点，即智能电源设计，可以兼顾系统性能和功耗问题，是一种随着现代化信息技术发展而衍生的技术。在嵌入式系统中引入智能检测和预测功能，依据实际需要选择多样化电源供电方式来降低功耗。对于市面上常见的笔记本电脑而言，在电源管理方面多选择智能电源设计方案，如，AMD 公司为 Power Now 技术，Intel 公司使用 Speed Step 技术，尽管不同技术内容有所差异，但其本质的运作原理是相同的。对于选择 Speed Step 技术的笔记本电脑，系统可以结合运行环境来动态调整 CPU 运行速度，在满足计算机运行需要的同时减少功耗。如果有外接电源，CPU 可以按照正常电压或频率运行，如果是电池供电，系统会智能调整 CPU 主频率与电压，以低压状态运行，尽可能减少功耗，延长电池可使用时间。

(8)处理器时钟频率降低

此种方式，主要是由于处理器功耗同时钟频率存在密切联系，多数的处理器有正常模式、休眠模式、空闲模式和关机模式，不同模式功耗有所不同。

CPU 高性能运行下，其功耗远远超过其他几种模式，如何降低系统功耗，即系统正常运行模式所消耗的功耗少于休眠和空闲模式。系统高性能运行中，可以调整 CPU 参数在空闲状态，中断唤醒 CPU，逐步恢复正常模式，快速应急响应，再进入空闲模式。系统低功耗设计中，结合具体处理需要降低处理器时钟频率，以此来起到降低功耗的作用。

3. 嵌入式系统软件低功耗设计

(1)快速算法

嵌入式系统运行中对于数字信号的处理，可以选择快速算法予以处理，降低系统功耗。如，FFT 与快速卷积，运算时间减少，功耗随之降低。精度允许下使用简单函数计算即可获取相近数值，用于减少功耗。

(2)选择中断驱动技术优化软件设计

软件设计中，系统初始化主程序仅仅是外部设备和寄存器等期间初始化，初始化后系统即进行低功耗运行状态，CPU 控制设备与中断输入端连接。外设有事件产生，会有中断信号出现，CPU 从节电状态转换为事件处理状态，处理后又再次进入节电状态。

(3)编译低功耗技术

基于编译技术优化系统设计，可以起到减少系统功耗作用，主要是由于不同软件算法的消耗时间不同，尽管可以实现同一功能，也会由于指令不同而功耗不同。因此，选用汇编语言开发系统选择功率小的算法以及消耗时间短的指令，优化系统设计，以此来降低系统功耗。

(4)延时程序设计

基于延时程序设计，具体表现形式有硬件定时器延时和软件延时两种方法。通常情况下，硬件定时器延时方法较为常见，在降低功耗同时有效提升程序运行效率。究其根本，嵌入式处理器待机模式状态下，调整 CPU 进入停止运行状态，定时器正常工作降低功耗。调用延时程序，CPU 进入待机状态，定时器倒计时，到达预设时间后唤醒 CPU。这样控制 CPU 空闲时停止运行，可以起到降低功耗的作用，效果显著。

嵌入式系统设计优化中，为了保证系统正常运行，同时降低系统功耗，尽可能延长电池使用时间，需要多方考虑增加功耗的因素，多角度分析系统运行条件，选择最优的低功耗设计方案，进而实现节能降耗目标。

第6章　计算机技术的应用领域

6.1　电子商务

1.电子商务的定义

目前行业一般认为，电子商务就是指淘宝、天猫、阿里巴巴、环球资源网、京东等在网上开展商品交易的平台或商业模式，以及在互联网上销售商品的企业及其业务活动。但实际上在理论界，对电子商务概念的界定一直都有广义和狭义之分。更是通过勾画了“电子商务概念四分图”，对电子商务概念范畴进行了更为全面的阐述。然而今天，广义“电子”工具中的“电报、传真、电话”等技术应用相对狭窄，普遍被人们接触的“电子”工具是互联网。讨论基于互联网的电子商务更具现实意义。互联网电子商务概念的四个层次，梳理这四个层次的逻辑关系，以期引发对电子商务概念更为深入的认识。

2.电子商务的四个层次

互联网电子商务概念的四个层次：通过互联网销售实物商品、通过互联网销售虚拟商品或数字商品、通过互联网提供和销售服务、通过互联网创造和提供价值，然后说明了提出这四个层次的意义。

(1)通过互联网销售实物商品

将这个层次称为电子商务是比较能够达成共识的。比如京东、凡客等建立自己的网站或APP销售自营商品属于电子商务；企业(或个人)在淘宝、天猫、阿里巴巴、京东、微店、微信公众号等网络交易平台开店销售实物商品也属于电子商务。

(2)通过互联网销售虚拟商品或数字商品

如果人们认可将第一个层次归于电子商务,那么过渡到第二个层次,将“通过互联网销售虚拟商品或数字商品”也归于电子商务的范畴,也是可以被理解和接受的。比如,我们可以说在网上卖书是电子商务,那么也很容易认为,在网上卖电子书也是电子商务。虚拟商品一般是对实物商品的数字虚拟化,如道具(如游戏平台的游戏道具、直播平台上的虚拟礼物)、Q币、比特币、电子客票等。虚拟商品的出售可能会存在所有权的转移。数字商品一般情况下其本身就是数字化的存在,而并不是对实物商品的虚拟化。如软件、可供购买下载的音乐、电子书、数字化照片图片等。数字商品的出售一般不会附带所有权的转移,或者转移了所有权但这种所有权更多体现在一定时期内的使用权,而不包括该数字产品所包含的知识产权。

事实上,在京东、淘宝、天猫等典型的电子商务平台上,都有虚拟商品和数字商品的出售。只是在一定时期内,经营和销售虚拟商品和数字商品的商家没有经营和销售实物商品的商家更广泛,虚拟商品和数字商品的销售规模也不如实物商品交易规模明显,但不能因此轻易地将其排除在电子商务的范畴之外。

(3)通过互联网提供和销售服务

商务中的产品类型就包括了实物商品和服务,电子商务也不应该将服务排除在外,所以通过互联网提供和销售服务也应该属于电子商务的范畴,网络服务的种类非常繁多。CNNIC在其每年发布的中国互联网络发展统计报告中,关于互联网应用的使用率的统计,将互联网应用归纳为即时通信、搜索引擎、网络新闻、网络视频、网络音乐、网上支付等类别,它们基本上都属于网络服务。而淘宝、天猫、阿里巴巴平台本身并不销售具体的实物商品,更多的是提供网络交易平台服务以及相关其他配套服务,也属于这个层次的范畴。“将人的知识、智慧、经验、技能通过互联网转换成实际效益”的威客模式以及威客平台(如一品威客网、猪八戒网等),以及近年来兴起的基于“知识付费”概念的各种网络应用和APP(如分答、得到APP、喜马拉雅APP、好多课APP等),也都在本层次的范畴。第三个层次(通过互联网提供和销售服务)和第二个层次(通过互联网销售虚拟商品或数字商品)存在一定的关联和交叉。比如销售的网络游戏道具和提供的网络游戏服务是相关联的;杀毒软件公司提供和销售的杀毒软件,从另外一个角度看也可以说是提供了查毒杀毒服务。

(4)通过互联网创造和提供价值

前三个层次互联网电子商务的概念是其所提供产品从实物产品到服务的逐步演进,第四个层次是一个升华,是互联网电子商务最本质的含义,即通过互联网创造和提供价值。对于本质含义的理解,有助于人们在从事互联网电子商务业务时抓住本质、抓住关键。从这个层面上讲,不论经营的是何种产品或服务,以何种方式经营,只要是通过互联网创造并提供价值(一般来说需要在时间上具有一定的持续性,并能够在长时间里取得经济价值回报),我们都可以称之为电子商务。

3.对互联网电子商务概念分层的意义

(1)点明了电子商务概念不同层次的电商业务活动之间的关系

通过互联网开展经营的企业或者业务活动各式各样,它们无非是处于互联网电子商务概念前三个层次中的某一层,通过互联网销售实物商品,或者通过互联网销售虚拟商品或数字商品,再者通过互联网提供和销售服务。而它们本质上都是第四个层次——通过互联网创造和提供价值。比如,我们通常会说,百度是搜索引擎公司,腾讯的核心业务是即时通信,阿里巴巴是一家电商(狭义的电商概念)公司,京东是B2C电商,微博是社交平台,等等。这样的描述强调了它们之间的区别,但我们却常常发现它们之间存在着激烈的竞争和冲突。为此它们会更多地争取网络用户,与用户交换价值(交换用户的时间、金钱、信任口碑等各种价值)。所以我们会发现,搜索引擎公司百度一次又一次地涉足电商领域,虽然多次失败,但我们有理由相信,它不会放弃可能存在的机会。腾讯也不会放弃电商业务,比如它与京东的合作,比如微信公众号里的网店模块等。阿里巴巴的业务也早已突破了传统电商的范围。

(2)点明了不同层次的电商业务活动之间可以跨越

前面讲到电子商务概念不同层次的逻辑关系,很自然地就联系到,前三个层次之间是界限分明、不可跨越的吗?其实从前面百度、腾讯、阿里巴巴的例子已经可以得出答案,并不是。前三个层次基于提供产品形态的不同,具有一定的划分意义,但在实际的商业经营中,又不是不可跨越的。只要抓住了第四个层次,即为顾客创造和提供价值这一本质,那么其商业经营不必局限于前面三个层次中的某一层次。我们可以再举一些实例。如亲宝宝APP,这是"一款家人共同记录、分享宝宝成长(照片、视频、音频)的手机APP",它一开始只提供在线记录、保存照片等功能,随着用户数量的增长,该平台推出了儿童用品甚至家庭用品的销售模块。提供的产品由服务扩展到了实物商品，其实都是基于共同的本质——为顾客创造价值。再比如京东，2007 年开始专注做 B2C 电商，主营 3C 商品，后来逐渐扩展品类，并加入了虚拟商品，为了保障服务而推出了自营物流。所以不论京东提供实物商品、虚拟商品，还是各种配套服务，其本质都是为其用户创造和提供价值。

(3)放宽思路，降低涉足电子商务的门槛

电子商务就是网上开店吗？就是开淘宝店吗？或者在网上卖东西、做微商之类吗？其实网上开店已经极大地降低了商业经营的门槛，但依然有人不知道怎么网上开店，不知道经营什么商品，觉得还是有进入门槛。如果你理解了以上互联网电子商务概念的四个层次，尤其是第四个层次，你就会发现，电子商务不仅仅是网上卖东西，其本质是通过互联网创造价值。抓住了这一点，你在学习电子商务或思考如何从事电子商务时，就应该想，我如何才能通过互联网创造和提供价值。比如，有人喜欢旅游，开了旅游博客、公众号，发表旅游的攻略、心得等文字。有人学心理学，对这一领域精通，通过互联网提供心理咨询服务等，这些都通过互联网提供了价值。这样的例子相信还有很多。不仅如此，在日常工作和生活中，善于借助互联网工具提高效率，其实也是一种价值体现。门槛降低了，人人皆可思考如何通过互联网创造价值，借助互联网将个人所长、个人资源发挥出最大价值。并且，也许一开始这只是个人的小小的价值实现，但是这种价值的萌芽，有一天也许会成长为一个商业项目，甚至是一个伟大的互联网企业。其实 Google、Facebook、eBay、hao123 等，一开始都是从个人小范围的应用发展起来的。

6.2 企业级软件开发

1. 企业软件质量认证标准与质量基础保证

软件工程强调的是在软件开发过程中应用工程化原则，结合目前国际上的质量管理体系标准，本节主要论述现阶段企业的软件开发过程及为提高软件质量必须要注意的问题，并提出意见或建议。

随着市场经济的进一步发展，信息随之成为企业发展的必要基础。企业的管理运行系统也趋向于信息化发展。伴随着这样的趋势，软件开发企业的市场竞争十分激烈，产品的质量是决定是否占据市场的重要保证。目前有些软件开发企业在开发过程中，阶段需求不明确，人员职责得不到准确划分，导致产品在使用过程中出现很多“bug”，给用户应用过程中造成诸多不便。

(1)软件质量认证标准

软件的质量可以从多个方面进行总结，大致可以分为用户需求质量和符合质量。在产品设计开发过程中，需要将用户对产品的需求设计进去，能够正确、完整地满足用户的需求。在开发完成后应当用测试系统对用户所有需求进行测试，查看是否存在“bug”，并及时解决问题。

ISO9000质量体系标准中，ISO9000－3是IS09001针对软件行业产生的，是软件开发以及后期维护的约束，它强调软件质量的标准化、阶段评审、测试、优劣分析、配置管理几个过程中的实施。

(2)软件质量基础保证

软件作为一种应用型系统，它所包含的领域和应用对象都具有针对性，不同软件的功能有很大差别，这就需要软件技术人员与客户进行直接交流，获得用户需求。软件是否满足用户的需求是衡量一个软件质量的标准。其中，软件因达不到客户需求进而进行修改或者重写的约占30%。

在进行客户需求的调查过程中，可以将所有参与用户进行分类，这样可以较快地完成，并且大多会取得最佳效果。可以先对用户进行一些基本了解，对于计算机的理解较深且工作经验较好的用户，可以让用户根据工作特点，把平时工作过程、重要环节和其他岗位工作人员结合起来，同时可以将目前所遇到的问题以及企业今后的发展情况及变化做出产出，这样可以在设计编写软件过程中能够有建设性地把软件的应用做得更加全面。软件设计人员将用户的数据和数据间的串联关系进行收集，将其转换成非专业人士能够理解的图文图表，向用户进行介绍，便于用户理解。

2.企业软件开发流程与测试

(1)基本功能的确定

在用户需求的调查过程中常常会因为重复、矛盾、个体化导致问题的出现。所以对数据进行认真分析，通过各级不断审查是很重要的。这样才能在编写之初能够得到一个合理的架构，然后再用数据流程图，类对象模型等设计软件进行设计。

①需求的构成关系。软件的需求构成总体可以分为业务需求、用户需求和功能需求三大部分。

业务需求也就是用户需求，它和系统需求共同组成了功能需求，其中功能需求和质量属性外加上其他功能需求构成软件需求规格说明。

②划分需求的优先等级。在满足用户需求的前提下，以最好的效率获

得最实用的、功能强大的系统，更加节省投入的费用，给企业带来极大的效益，需要对用户需求进行等级划分，按照设计步骤进行。用户需求等级又可以叫作优先等级。一般情况下可以根据价值、费用和风险程度进行划分。想要实现其他附加需求首先应当完成关键人物的需求，这是实现需求的基础。在用户的需求划分等级之后，需要分析用户所处角色的独立性和它们相互之间的联系。

(2)选择最适宜的实现技术和工具

针对数据复杂度不高且时间紧迫、规模小的软件，软件开发人员应当根据自身的实际操作情况和所掌握的技术经验，从而选择适合自己及符合开发现有软件的工具进行编写开发。如果面对数据量大、开发难度大的软件，对开发环境和开发技术要求高，开发人员应当选择最适宜此软件的工具进行编写开发。随着软件产业的发展，面向对象的开发工具逐渐成为开发工具的主流。为加强软件的可实用性，后期进行维护使其更具有活力，选择面向对象的软件开发工具是最佳选择。

(3)操作界面的设计

在进行需求调研时，用户会将大量数据告诉开发人员，认真分析其中数据的特点和各个数据之间的关系，是进行数据处理的基础工作，用户的权限设定和使用对象直接受它的影响。根据数据存在的性质和形式明确其中的数据类型，确定其取值范围和格式要求，并且要符合用户的操作习惯。在进行设计时要做到界面风格大体一致，在操作时减少用户需要通过记忆才能完成的操作，将输入量减少到最低，方便用户的使用，同时加强核心设计的保密性，不让用户知道。

(4)测试

测试软件是在软件交付使用者之前相当关键的步骤，它可以很好地衡量一个软件质量的好坏，测试不仅仅是在软件编码完成后对软件进行测试，它贯穿整个软件制作过程中，如需求分析阶段的测试、结构设计阶段的测试。只不过在不同的阶段所测试的重点会有所不同。通过测试发现软件的质量问题，进而降低软件的返工率，提高开发水平和公司效益。

现代企业软件系统的开发与质量管理需要两者相互结合，在开发过程中不断测试，根据有关标准及规定进行测评，以符合用户的需求。开发人员对于开发工具的选择要符合所开发软件的实际情况。

3. 企业软件快速开发平台的设计与实现

本文以企业管理软件的开发运维为最终目标，设计并实现了快速打造软件应用系统的平台开发工具，缩短开发周期，由简单易用的可视化设计器和部署灵活的服务器构成，能帮助开发人员、IT技术人员和业务人员快速构建美观易用、安全可控的企业级多终端应用，从而为软件开发人员与运维人员提供有力支持。

（1）目的

随着互联网、云计算技术的深入发展，为了降低企业大规模云应用建设的难度和成本，支持云应用开发、运行与运维一体化的云应用平台软件应运而生。云应用平台软件是支持云计算技术下业务应用软件建设的软件基础，平台主要帮助企业实现应用软件云化、统一云应用架构、建立云应用生命周期管理、融合应用移动渠道以及搭建开发运维一体化工程平台。

基于丰富的大型企业软件基础架构融合移动互联网、云计算技术加速企业的云转型速度。基于移动渠道融合帮助企业建设云应用移动渠道，利用云应用移动渠道分发管理的能力满足企业业务和应用创新的需要。此外通过建立企业开发运维一体化工程平台提升企业业务投产速度，缩短业务上市时间，进而降低企业业务创新的技术和投资风险。

（2）功能设计

①软件架构。该系统采用目前较为流行的B/S架构通过网络实现web访问。所有用户都是通过互联网或局域网与应用服务器及数据库服务器进行联系。所有应用都通过网络与用户关联从而形成一个完整的服务系统平台。

②模块设计。第一，抽象出软件系统的数据公共模块。目前，无论哪个领域哪个行业的软件系统都会包含员工管理、部门管理、角色管理，这些是软件系统的底层数据，支持用于对员工、组织机构、身份权限的维护。本书也将以这些模块作为底层数据，围绕着该模块进行多维度功能扩展；第二，抽象出针对企业管理类软件的业务公共模块。企业管理涉及企业多方面的业务整理并抽象出设备管理、福利管理、签名管理、公告管理，实现业务上的统一管理；第三，抽象出应用层面的应用公共模块。在企业管理中，多种业务之间的系统的表现形式会有交集，如员工在线培训与企业文化宣传都需要涉及视频、图片的管理，针对此特点可将视频管理、图片管理抽象为公共模块。通过分析并抽象出视频管理、图片管理、地图管理、文件管理、流程管理、表单管理、报表管理；第四，抽象出界面设计的系统公共模块。应用软件

的开发速度很大因素取决于软件代码的灵活。在界面的风格、功能上如果能够很灵活地通过参数设置来取代硬编码,将对软件的适应性起到决定性的作用。通过分析并抽象出面板管理、菜单管理、主题管理、主页管理、登录管理。

(3)实现过程

①数据库设计。目前,主流数据库均以关系型数据库为主,从技术的成熟度以及应用范围来对比选定 SQLserver 作为平台数据库。该数据库可为数据管理与分析提供灵活性,允许在快速变化的环境中从容响应,从而获得竞争优势。

本书根据模块功能抽象出 13 张数据表,按功能不同,分为“基础数据类”“流程管理类”“系统配置类”三部分。

基础数据类包括用户表、部门表、角色表、用户角色表,这些是用户实例操作的基础,用来储存用户信息、组织机构等数据。

流程管理类包括流程定义表、流程结点表、流程步骤实例表、流程实例表、表单信息表,用来存储流程流转过程中的结点、表单、状态等信息。

系统配置类包括公告表、菜单表、用户主题表、系统参数表,各表关系相对独立,用来存储系统参数的配置信息。

②程序设计。系统平台的服务端开发使用 Java 语言进行。Java 是一门面向对象编程语言,不仅吸收了 C++语言的各种优点,还摒弃了 C++里难以理解的多继承、指针等概念。因此,Java 语言具有功能强大和简单易用两个特征。Java 语言作为静态面向对象编程语言的代表,极好地实现了面向对象理论允许程序员以优雅的思维方式进行复杂的编程的渴望。

客户端开发使用 JavaScript+CSS3+HTML5 语言进行。为了更深入地处理细节多以原生开发为主。为了有效地改善用户的体验,采用了客户端与服务器端数据同步传输与异步传输相结合的方式。

在项目的结构上采用 MVC 的模式,即模型层、视图层、控制层。根据数据库抽象出实体对象,在控制层操作实体对象并通过调用实体类的增删改查方法来向视图层传输数据。服务器与客户端数据传输格式采用轻量级的 JSON 格式,此格式可以以较快的速度响应数据传输需求。

(4)应用效果

应用本平台已成功地开发了“油田施工现场管理系统”“油田物资进销存管理系统”等多个应用系统。下面以“油田施工现场管理系统”为例简述本平台的开发效率,如图 6-1。“油田施工现场管理系统”涉及油田井下作业施工现场的安全、质量、环保等多方面的业务开发应用界面 38 个,工作流程 11 条,报表 25 项。开发周期为 30 天,与传统公共模块单独搭建的开发方式对比开发周期缩短了 2/3。

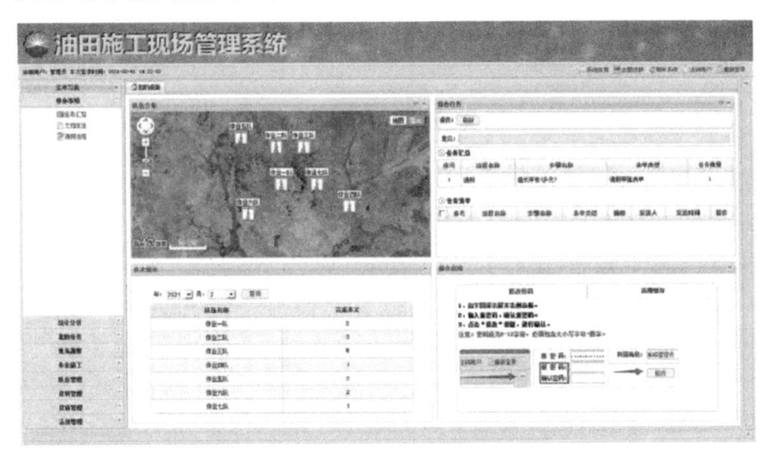

图 6－1　平台首页

通过使用本平台实现了企业软件应用系统的资源整合，使程序员能够脱离公共模块的重复开发，在一定程度上降低了开发人员的工作量。快速开发平台也为企业长年困扰的信息化建设提供了绝佳的解决方案，让企业突破信息化的桎梏，在行业大发展的时代洪流中逐渐地脱颖而出独占鳌头。

6.3　无线通信技术

1. 无线通信技术基础

首先介绍了从有线通信向无线通信的演进、通信系统的理论基础知识和无线通信的空中接口技术，然后介绍了一个无线通信系统的组成、空中接口物理层、Um 接口的第三层协议、七号信令和通信的信令流程。

今天，无线通信技术深刻地影响着我们每个人的生活。随着通信技术的飞速发展和通信产业链的不断成熟，手机从最初只是高端商务群体才能拥有的奢侈品，到现在已飞入寻常百姓家，成为一种大众通信工具。无论你走到天涯海角，只要在有通信信号的地方，你都可以通过手机与他人取得联系。而随着时代的发展，手机也逐渐由一个单一的通信工具演变成一个综合的个人信息平台，财经、体育、娱乐等各种信息都可以通过手机轻松获得。

这些年无线通信行业发展迅猛，吸引了大批有志青年和年轻学子投身其中。应当注意的是，虽然无线通信业务和应用的种类繁多，但是无线通信技术的本质并没有发生变化。就理论而言,现代通信技术依然基于香农的信息论,各种通信技术所应用的底层调制解调和编码译码等技术并没有本质的区别。因此,不同无线通信技术之间并没有本质的区别,先搞明白一种无线通信技术,再去理解其他无线通信技术就会轻松很多。

应当说无线通信所涵盖的知识是比较多的,内容也较为复杂。如何快速而有效地学习这些知识是一个值得思考的问题。从相对简单的有线通信入手,揭示无线通信与有线通信的传承与区别,为读者学习无线通信提供了一个不错的切入点。接下来大量采用类比的方式来讲解无线通信从空口到信令的相关技术知识,从无线侧到交换侧的相关内容。

虽然这两年手机的普及速度异常迅猛,但是提起固定电话,相信大家还是相当亲切,毕竟这是陪伴了我们十几年甚至几十年的通信工具。我们介绍手机之前先介绍固定电话,就是因为固定电话相对手机而言要简单。而且出于保护投资以及互联互通层面的考虑,无线通信的整个体系有很大部分是源于固网的,选择从固网切入便于我们学习。

无线通信和有线通信的区别,说得复杂一点,有很多很多,说得简单一点,其实只有两点:接口和信道。

首先是接口不同,固定电话的接口是钉在墙上的,插一根电话线就可以用,通过这个接口可以和固网进行联系;而手机和基站通信的接口是看不见、摸不着的,我们称之为“空中接口”,手机就是通过这个空中接口和无线网络保持联络。

2. 无线通信新技术展望

对于通信发展技术来讲,在实际发展的过程中,5G 技术已经较为发达,但是在此基础之上,又创造性地加强了无线通信技术的布局,在对 5G 无线技术进行正式推广的过程中,可以结合技术优势,进一步地满足各项信息传输发展需求,其速度较快,而且,数据加载延缓问题也有了进一步的解决方法。所以,注重新时期 5G 无线通信技术发展进程是非常关键的。

(1)5G 无线网络通信技术的相关概述

从理论知识的角度来分析,5G 无线网络通信技术主要指的是通过设计通信网络技术的更新和升级,加强传统无线网络通信技术的进一步突破,该项技术投产之后,可以更好地加强市场份额的拓展,通过纳米技术的应用,可以更加有效地对个人的私密信息进行保护,在对整个信息传输过程的阻碍内容进行了解的过程中,可以在加载的过程中,积极对传统通信技术的各项优势进行吸纳,通过提供良好的信息服务,拓展覆盖面。另外,此项技术自身的智能化、人性化、科学化的特征更为凸显,可以有效地对人们生产生活的各项需求进行满足。而 5G 无线通信关键技术也是非常丰富及繁杂的,其包括新型的多天线传输通信技术、高频传输通信技术、密集网络通信技术以及新型的网络架构等相关的技术，比如，对于密集网络通信技术来讲，其主要是通过数据业务量的发展需求对其热点的内容进行覆盖，这样可以更好地提升整个网络的抗干扰能力。

(2)5G无线通信技术的应用内容分析

在上述内容研究中，我们结合当前的理论概述，对新时期之下5G无线通信技术的理论内容进行了分析和探究。从基本知识分析中，我们可以充分认识到，为了带给用户更好的体验，加强技术兼容性、科学性等内容的测试，可以更好地发挥无线通信技术的优势，而如何更为流畅地对各项技术优势进行展现，是当前研究的重点内容。一般来讲，在对其三个应用部分进行探究和研究的过程中，我们主要从以下两个不同的层面进行分析和论述，具体内容如下。

①关于5G高速内容的应用。在实际对5G技术中的读写速度进行了解的过程中，其可以更好地利用高质量的传输速度，加强用户需求的满足。首先，在对安卓系统的应用进行设置和操作的过程中，可以将应用程序框架层面、应用程序层系统、内核层系统、运行库层的体系结构内容与5G纳米技术结合，对安卓系统当中的硬盘驱动文件进行分离，这样可以更好地通过自动化的传输技术，加强云终端内容的同步，在这个过程中，整个系统当中的硬件设备可以更加丰富地得以展现，安全系数是比较高的。其次，在应用光场相机的过程中，主要是利用拍照功能，加强对焦优势的展现，整个抓拍过程并不会对照片自身的模糊程度过多，这样可以更好地增加光场照片容量，此种高速存储功能可以对光场相机的需求进行满足，对于不良问题的解决也具有十分重要的帮助意义。

②关于5G高兼容性能的应用分析。不得不讲的是，除了上述内容之外，在实际对5G技术进行有效应用的过程中也要对其自身较高的兼容性进行展现，通过相关通信协议内容的融合，能有效地避免对其各项资源的浪费，通过兼容性优势的展现，对整个信息的传输安全系数进行提升。

(3)未来5G技术的发展前景

从目前的发展情况来看，5G无线通信技术自身的应用优势是比较强的，而在未来的发展前景当中，也更加侧重于整体技术的研发和改进，通过无线通信技术性能的不断拓展，对其网络覆盖率、传输速度、传输信息、储存能力进行有效的深化，可以更好地加强整体规划的明确，而很多企业也积极对通信技术的传输速率以及发射频率进行了研发，在未来较长的一段时间之内，可以通过技术满足各行各业的需求。

总之，在现代社会制度之下，5G无线通信技术对人类影响是极为深远的，为了更好地发挥其自身的优势，还要不断注重技术创新，借鉴其他国家的先进经验，注重5G无线通信技术各项问题的解决，进而推动我国5G无线通信技术的有效发展。

6.4 计算机密码学

1.计算机密码学的基础和现状

现代密码学的发展已经很大程度上影响到了信息资源加密工作的质量。本节首先对现代密码学发展的现状进行了完整的总结研究,并结合计算机技术的发展趋势,对计算机密码学的发展前景进行了展望,对提升现代计算机密码学应用质量,具有十分积极的意义。

计算机密码学是保证计算机装置的信息资源实现成熟加密的关键,因此,对现代计算机密码学的发展现状加以研究,并制定计算机密码学的优化应用策略,是目前很多计算机密码学技术研究人员重点关注的问题。

现代计算机密码学的发展现状有以下几点:

(1)多方秘钥协商管理措施不够成熟

目前,一些秘钥协议管理措施在进行基础性设计的过程中,对于密钥协商管理措施的价值认知水平较差,并没有实现对现代计算机技术资源应用措施的合理设计,很难为现代计算机技术应用价值的变现提供足够完整的支持。还有部分密钥协商工作在具体操作的过程中,对于多方秘钥信息资源加密管理的价值认知水平较差,并没有实现对交互式信息管理措施的有效设计,这就使得多方秘钥协商管理方案的制定很难完整地体现自身的价值,无法在密钥协商管理平台运行的过程中,更好地实现密钥协商管理措施的运行价值。部分多方秘钥协商管理措施在进行运作模式设计的过程中,缺乏对多方秘钥协商管控平台运行模式的重视,导致一些秘钥协商措施的运作依然只能按照传统的模式进行操作管理,很难有效地实现对多方秘钥管理控制措施的精准操作,很难为多方秘钥协商管理措施的全面优化设置提供帮助。

(2)离线密码应用技术尚不完善

离线密码应用技术的操作是组成现代计算机加密应用体系的关键,也是保证现代计算机技术的发展价值得到全面改良的基础。但是,很多计算机密码学的研究与应用人员并没有从离线密码控制分析方案建设的角度制定密码学分析应用方案,很难成熟和完整地适应密码管理体系建设工作的实际需要,很难在离线密码应用技术分析的过程中,对离线密码学的执行效率做出准确判断,无法在决定具体的技术资源应用方案的规程中,使离线密码资源的技术性价值得到更高水平的实现。

(3)计算机密码学身份管理价值较差

一些计算机密码学的研究与应用工作并没有合理地实现对身份管理工作的精准定位，这就使得计算机密码学虽然实现了技术层面的改造，却难以成熟地凭借电子邮件等基础性技术的应用，对计算机使用过程中的身份加密技术进行正确的设计应用，降低了现代计算机密码学的应用价值。还有部分身份管理措施的设计对于密码学的综合性应用价值判断不够精确，也使得计算机密码学的应用很难为计算机技术的成熟使用提供支持。

2.提升现代计算机密码学发展质量的具体策略

(1)优化多方秘钥协商管理措施

现代计算机密码学的操作管理人员需要充分明确信息资源协商管理措施的重要价值，使所有的多方秘钥协商管控措施的设计可以成熟地实现与现代计算机技术发展措施的完整集合，以此保证更多的密码加密措施可以完整地适应多方秘钥管理平台建设工作的实际需要，为秘钥构建过程中信息资源的顺畅沟通提供有力支持。要将提升秘钥协议管理水平作为一项基础性业务进行定位，从验证身份信息的角度入手，对计算机硬件资源的操作措施进行全面的考察研究，保证计算机密码学的发展策略可以实现与现代密码学发展趋势的完整融合，以便多方秘钥协商管理体系的建设工作可以更好地适应多方秘钥信息资源运作管理控制的具体特点，为秘钥相关信息资源的完整整合提供帮助。具体的秘钥应用策略一定要从身份验证的基础性因素出发，对技术性协议措施进行合理的设计，使更多的多方秘钥协商管理举措可以实现对身份验证活动的精准处置，并为多元线性函数的技术推广提供更加完整的支持。

(2)提升离线密码应用技术完整性

现代计算机密码学发展策略的设计人员，需要对密码资源的设计和应用效率进行精准的研究，保证离线密码学的实际应用价值可以得到较大程度的显现，更好地满足计算机密码学的价值管理体系的运行需要，为密码体制资源价值的更好变现提供有力支持。在处理具体的离线密码学分析研究业务的过程中，要针对密码资源设计和使用的多元需要，对密码管理体制的价值进行完整的研究考察，更好地保证离线密码资源的设计和应用活动可以更加完整地显现出自身的价值。为计算机密码学应用措施的合理设计提供大力支持。离线密码应用技术在具体操作的过程中，还需要保证密码考察技术可以为离线密码应用技术的考察提供帮助，以此实现对计算机密码学应用经验的逐步累积。

(3)优化计算机密码学身份管理价值体系

所有从事计算机密码学管理工作的运作人员,一定要将身份管理技术资源的整合应用作为一项基础性业务进行定位,使姓名资源的标识处理与电子邮件等关键性技术资源的操作运行可以成为现代计算机密码学操作理念的成功实践,以此保证计算机密码学可以完整地适应身份管理平台建设工作的具体操作需要。计算机密码学的身份识别与认证体系还需要加强对现有密码学管理措施的合理设计,以便计算机密码学的研究工作可以为密码学综合性应用价值的改进提供支持。

提升计算机之中信息资源的保密水平,是保证计算机密码学的价值得到完整显现的关键。因此,针对现代计算机密码学的发展前景,对计算机密码学发展现状进行研究考察,并制定密码学的优化发展策略,是目前很多计算机密码学领域专业人士十分重点关注的问题。

6.5 工业控制计算机

1.工业控制计算机概述

工业控制计算机是用于实现工业生产过程控制和管理的计算机,又称为过程计算机,是自动化技术工具中最重要的设备。

在近几年里,计算机技术得到了极大的发展和完善,由于采用了更多的可靠元件、尖端的设计工艺,系统的可靠性也得到较大的提高;传统的过程控制功能与诸如生产计划、调度、优化及操作控制等实时信息处理和决策应用的不断渗透、融合,使通过高级计算机控制实现各种过程高性能目标的手段变得越来越可靠和更为强劲有力,功能价格比也日趋合理。因而,使计算机控制在工业中的应用得到了迅猛的发展,计算机控制系统正越来越广泛地应用于石油、化工、钢铁、造纸、电力等工业部门并在提高设备处理能力和生产效率、产品质量,有效利用能源等方面发挥着举足轻重的作用。其满足环保、人身安全等严格要求并在日益激烈的国内外市场竞争中,逐渐脱颖而出。

2.工业控制计算机的分类

当前我国工控机的主要类别有:IPC(PC 总线工业电脑简称工业 PC)、

PLC(可编程控制系统)、DCS(分散型控制系统)、FCS(现场总线系统)及CNC(数控系统)五种。由于 IPC(工业 PC)可充分利用计算机技术的进步,便于更新换代,所运行的软件与普通 PC 完全一样,便于软件的开发和调试,所以是目前发展应用最快的机型。

3. 工业控制计算机的结构

IPC:即基于 PC 总线的工业电脑。因其价格低、质量高、产量大、软硬件资源丰富,被广大的技术人员所熟悉和认可。这正是工业电脑热的基础。其主要的组成部分为工业机箱、无源底板及可插入其上的各种板卡组成如CPU 卡、IO 卡等。并采取全钢机壳、机卡压条过滤网、双正压风扇等设计及 EMC 技术以解决工业现场包括高速工业现场的电磁干扰、震动、灰尘、高/低温等问题。

4. 工业控制计算机的特点

①可靠性。工业 PC 具有在粉尘、烟雾高/低温、潮湿、震动、腐蚀和快速诊断和可维护性,其 MTTR 一般为 5min,MITF10 万小时以上、而普通PC 的 MTTF 仅为 10000－15000 小时。

②实时性。工业 PC 对工业生产过程进行实时在线检测与控制,对工作状况的变化给予快速响应,及时进行采集和输出调节,遇险自复位,保证系统的正常运行。

③扩充性。工业 PC 由于采用底板＋CPU 卡结构,因而具有很强的输入输出功能,最多可扩充 20 个板卡,能与工业现场的各种外设、板卡,如与视频监控系统、机械检测仪等相连,以完成各种任务。

④兼容性。能同时利用 ISA 与 PCI 及 PICMG 资源并支持各种操作系统。多种语言汇编,多任务操作系统。

5. 工业控制计算机的应用

(1)收费系统

高速工业的收费系统大体上经历了三个时期:手工收费、计算机收费、ETC(electronic toll collection,电子不停车收费)。在收费系统的第二个时期才开始使用工控机,主要使用的机型为通用型标准主机,其体积较大,如研祥的 IPC-810、研华的 IPC-610 整机,可同时扩充 4 个 PCI、8 个 ISA、2 个 PCISA 卡及各种外设,如通行券读写机、收费专用键盘、收费票据打印机、电动/手动栏杆机、机械检测仪、车型显示仪、费额显示器、报警设备、信号灯、MODEM 等。由于收费亭本身狭小、体积庞大的工控机加上部分资源的闲置，因而工业 PC 厂商依市场的需求推出体积更小的工业 PC 机箱，如研祥的 IPC - 6806、研华的 IPC - 6806，不仅减小了体积，并且进一步提高了资源的利用率。如果说在计算机收费时期工控机的应用要求更趋于小型化，那么在 ETC 时期将趋于一体化、行业化的工控机、车道控制等设备融为一体。

(2)监控系统

作为高速工业三大机电工程之一的监控系统是一个投资大而直接经济效益短期不明显的投资。目前的高速工业监控主要分为收费监控和交通监控，经历的模式有三种：即模拟录像 CCTV、数字化 DVR、网络化 DVR。CCTV 监控时期只是利用 CCTV 和录像机进行监视和录像，属于完全人工操作。随着数字、视频技术的发展及应用，在数字 DVR 时代，集成商通过采用具备强扩充性（如多硬盘、多 ISA/PCI 资源等）、能长时间稳定运行的工业 PC 机及视频采集卡、视频压缩卡等组成 DVR 系统，当车检仪、车道控制仪检测到需捕获图像时系统就能自动地进行图像的捕获与录像处理。其间使用的工业 PC 类型也是从大到小，但此时期的监控只限于收费站（亭）的监控与整条高速工业的其他监控或信息系统，并未连成一体，随着网络技术的发展及 ITS 的应用与要求，工业 PC 厂商通过在 CPU 卡（主板）上集成提供高性能的 LAN 如研祥的 IPC - 68I - IVDNF(B)、IPC - 1621VN、研华的 PCA－6166ECPU 卡等，均已提供了高性能的工业级 10/100M 自适应网络接口，使系统集成商能将所有的资源系统通过联网方式实现信息的共享与充分利用，从而可将采集到的交通信息数据经分析处理后通过信息发布系统发送到各信息终端以对交通流进行实时的引导和控制。

综合以上工控机在高速工业的两大机电工程中的应用不难看出，其应用的趋势为工业 PC 逐渐小型化，并且随着行业差距的缩小、标准的统一，最终的部分产品将实现一体化。

6.6 基于单片机控制系统

在目前的社会生活中，单片机得到了广泛的应用，一方面是因为单片机本身具有较为强大的功能，另一方面是因为单片机灵活轻便，而且稳定性好。就单片机本身结构来讲，控制系统是实现其优势的关键，为了更进一步地了解单片机的结构，也为了进一步强化其应用价值，就单片机软硬件设计的具体步骤以及调试的方法进行系统性的探讨，目的是要进一步提升单片机设计和调试的效果。

随着我国经济的不断发展，科学技术也在不断地进步。在这样的大环境之下，我国的技术研究不断突破，电路系统的发展也在持续进行。从目前的情况来看，我国的电路系统在高度集成化的发展方向迈出了一大步，而实现这一大步的重要因素就是单片机的利用。可以说，单片机的广泛利用推动了我国电路研究的进一步发展，而为了实现单片机本身质量以及应用价值的提升，积极地进行其控制系统的实际研究以及调试方法的探讨具有十分显著的现实意义。

1.系统设计总方案

单片机的控制系统设计需要有一个整体的目标，这样，设计工作的开展才能够更加顺利，就目前的分析来看，系统设计需要做好四个方面的工作，控制系统优化的目的才会实现，而这四项工作分别是：第一，根据实际的情况和科学的选择进行控制系统的最终种类选择。第二，在控制系统中进行科学测量元件的选择，从而保证系统设计中参数的精确度。第三，在控制系统中考虑执行机构和控制算法的匹配度，实现控制系统的基础建设。第四，根据控制系统的整体规格进行系统设计的最终确立。

2.硬件系统设计

硬件系统设计是单片机控制系统设计的重要部分。就目前的设计实践来看，硬件系统设计主要包括四个部分：一是扩展储存器的设计。在单片机运行中，储存器不仅要实现数据的储存，还要存储运行的程序，所以强化扩展储存器的设计意义重大。二是进行扩展模拟量输入渠道的设计。强化此方面的设计能够有效地提升系统匹配程度。三是进行扩展模拟量输出渠道的设计。进行此项设计对于单片机的运行效率提升十分关键。四是进行开关量接口的设计。通过接口设计，实现干扰的消除，有效地提升了单片机运行的质量。

3.软件系统设计

软件系统设计是单片机控制系统设计中另一个重要的组成部分。在具体的应用中，软件系统在单片机系统中发挥着神经中枢的作用，所以做好软件的设计对于系统作用的发挥十分关键。在设计软件系统时，需要注意两方面的工作：第一是软件系统设计要具备稳定性。只有软件系统具有稳定性，才能发挥作用，达到稳定的目的，所以在整个设计工作中，要保证软件运行的平衡性。第二是要保证软件和硬件的匹配性。软件和硬件共同作用才能够将单片机的价值发挥出来，所以实现软件设计与硬件匹配，有效提升了单片机综合利用的价值。

单片机控制系统的调试是单片机应用的一项重要工作，做好调试可以保证单片机的价值得到最大限度的发挥。就目前的情况来看，单片机的调试主要包括两方面的内容：第一是硬件调试。硬件调试的目的是排除设计工艺中存在的硬性故障，同时清除设计中出现的错误。第二是软件调试，进行软件调试的目的是掌握和测试目标代码，这样可以确定代码的准确性，从而保证系统的正常运转。在完成硬件和软件的系统调试之后，对二者间的配合进行调试，此种调试主要通过实验仿真来进行。简言之就是通过不断地调试完善，软件和硬件的契合度会不断增加，具体利用效率会显著加强。

单片机在目前的社会生产中有着重要的应用，为了强化其质量发展和提升其应用价值，积极地探讨单片机的结构，并对其控制系统的设计和调试方法进行分析，目的就是要增强对单片机的认识，从而提高其社会利用效果。

6.7 控制网络系统

控制系统设计越来越重视分布式网络化解决方法，并且致力于控制系统的网络化发展。同时通过对控制网络系统的结构特点、发展趋势及其设计开发和应用中若干问题的分析，深化和拓展控制系统理论和方法，进而联系控制网络技术的发展现状，用于指导控制网络系统的实际工程设计和开发。

1.控制网络系统的定义、特点及优点

控制网络系统是由控制网络结合相应的控制策略和方法所形成的共同完成控制任务的系统，也称网络化控制系统。狭义的控制网络系统是指在局部区域内现场的检测、控制、操作设备以及通信线路的集合，用以实现设备之间的数据传输，使该区域内不同地点的设备和用户实现资源共享和协调操作。广义控制网络系统既包括狭义的网络控制系统，同时还包括通过企业内部信息网络实现的对全工厂、车间生产线直至现场设备的监控调度、管理优化等。其特点基本为分布式的网络体系结构、全数字化通信、模块化

的功能设计、节点间较强的相关性、网络通信的强实时性、低成本和恶劣环境的适应性、网络的局域性、系统的开放性和兼容性、系统的可扩展性和易重构性。其优点有大概五个，首先控制网络系统提高了控制系统的精度和可靠性；其次增强了系统信息集成能力，有利于不同网络的互联集成；再者便于安装和维护；然后可以有效降低系统成本；再者可以作为实现各种复杂分布式或优化控制算法的应用平台；最后对于系统开发者和用户而言，它都打破了技术垄断。

2. 控制网络系统的整体设计方法分析

控制网络系统从整体上体现为一类复杂的分布式实时控制系统，在整体设计过程中需要考虑系统性价比、扩展性以及维护性等因素。这便意味着控制网络系统的整体设计过程必须依据严格的工程化方法进行，以降低系统实施中的技术风险。针对目前控制网络系统设计与建模中没有一种成熟设计方法和开发过程模式的现实情况，所以基于 QOS 性能分析和 LT-ML 形式化建模的控制网络系统整体设计方法，该方法是对于控制网络系统整体设计和建模过程的一种有益探索与尝试。首先该方法是由三个子模型构成，分别是控制子模型、网络子模型和结构实体子模型。控制和网络子模型是较高层次的、抽象化的功能模型，它们分别描述了控制网络系统在控制与网络上的功能和服务特征。结构实体子模型可以形式化地直接刻画控制网络系统的内在结构、连接和具体实现形式。

控制功能与网络服务特性通过不同方法和实体对象的不同属性而体现，进而由相应软硬件具体实现。其次，该方法有机地将控制网络系统的性能分析同系统整体设计结合起来，分阶段完成了控制算法、网络服务品质和系统结构的设计和开发。该设计方法对于进行控制网络系统等大型复杂工程的设计与开发，具有较高实际应用价值。

3. 控制网络系统中的网络互联分析

(1)不同专用协议控制网络系统之间的互联

尽管开放式系统是控制网络系统的发展趋势，然而很多采用专用协议的控制网络系统仍在现实工程中广泛应用，如各种传统的 DCS 系统等。对于受控对象范围有限、系统开放性和扩展性要求不高的应用场合，这类控制系统仍具有经济上的合理性。对于这类网络互联网关实现了不同协议间数据帧格式的转换和传递；同时还可以按照一定寻址策略完成不同数据帧的路由选择。目前在控制网络系统中，因为部分协议可能没有网络层结构，所以在应用层转换更为常见。

(2)统一开放式协议控制网络系统之间的互联

相对而言,系统采用相同开放式协议不需通过协议转换,能够仅通过网桥和路由器就完成彼此网段之间的互联通信,实现了在数据链路层将数据帧存储转发;路由器则是在网络层转发数据。遵循同一种开放式总线或工业以太网协议的控制网络系统互联与扩展结构。

(3)利用计算机信息网络实现不同协议控制网络系统的互联

当网络规模很大、数据通信量较多时,信息的完整性和实时性就会受到网关或路由器内存容量、处理器运算能力等因素限制,这时若通过计算机信息网络进行不同控制网络系统的互联和集成,高传输速率和高性能网络设备可以一定程度保证信息的完整性和实时性,同时还可实现更大范围的信息共享。

在当前和今后相当长一段时间内,控制网络系统将面临总线与传统网络系统共存的局面。在控制网络系统设计时,考虑如何实现系统中异构网络互联和集成是很现实的问题。只有不断地进行控制网络系统设计与网络互联分析,才能不断创新,才能走在信息时代的前列,才能真正意义上取得时代性、前瞻性的成就。

6.8 计算机数据采集系统

随着科学技术的不断发展,各行各业开始促进自身的发展,各行各业的发展离不开数据信息的采集。事实上人们在进行数据采集时经常会遇到各种困难,需要加强对数据采集的研究,严格进行计算机数据采集系统的设计,并加强数据采集在各领域的应用。

1.计算机数据采集系统的组成

计算机数据采集系统主要包括计算机子系统与智能数据采集系统两部分,其中,计算机子系统主要是对收集到的数据信息进行科学合理的分类、存储及数据处理,进而便于人员进行操作。智能数据采集系统则是将收集到的数据信息转化成数字处理信号,并将信号发送到计算机上。

2.计算机数据采集系统的工作原理

数据采集系统在工作中需要通过传感器对相关信号进行采集,再将这些信号转换成为电信号，通过 A/D 转换器将电信号转换成为二进制的数字编码，这时再传输到计算机上，最终再通过相关的软件将数字编码转换成为可查阅的相关信息。

3. 数据采集系统的应用范围

随着数据采集系统的不断完善与发展，其已广泛应用到各行各业中，包括销售分析、会计信息管理、库存管理等，通过对数据采集系统的应用使得人们的工作效率得到了极大提高，在未来的发展过程中，数据采集系统在各行业所起的作用会越来越大，其应用的范围也会越来越广。

（1）分析情况，确定工作

在数据采集系统设计正式开始之前，需要对所需处理的问题进行深入研究与分析，然后再确定所需完成工作的任务与指标要求，并对工作中可能出现的问题难点与要点进行估量，从而制定出大概的设计路线。采样周期 TS 的确定决定了采样数据的质量与数量，为此，需要加强对采样周期 TS 的重视，并在数据采集系统设计前根据相关的定理与指标确定有效的采样周期。采样系统的总体设计分为以下四个阶段。

①分配硬件与软件的主要功能。在使用硬件的情况下，软件设计工作会变得相对简单，而且会提高系统的速度，但也会增加系统成本与接点数数量，使系统出现不稳定的现象。而采用软件设计则会增强系统的灵活性，降低系统成本，但会使系统速度降低，为此，在选择系统设计时应当充分考虑系统所需。

②选择微型计算机配置方法。在对处理器进行选择时需要充分考虑实际情况，并确定对系统的影响，其中包括对单片微型机芯片、标准功能模板、微处理器芯片以及个人微型计算机或单板机等数据采集系统处理器的选择。

③控制面板的设计。控制面板应当包括显示器件、打印机组、开关、功能键以及数字键等，能实现输入、修改原程序、显示与打印各类参数等功能。

④抗干扰系统的设计。数据采集系统对抗干扰具有较高的要求，为此，在对数据采集系统进行设计时应当充分考虑抗干扰系统设计。

（2）硬件设计

待选择好芯片、处理器与逻辑控制器等器件后可对硬件进行设计。在设计硬件时需要先设计数据调理电路，依照技术指标的要求，输入数据的电压需要控制在－5～＋5V，并采用运算放大器来实现电压变换，进而保证输入电压与系统要求相一致。数据电压变换后需要进行共模噪声干扰抑制，对输入数据进行限幅，进而达到保护芯片的目的。数据调理完成后需要设计转换电路，进行数模转换，在这个过程中需要对信号频率进行调整，进而实现对数模转换速度的控制。待转换正式启动后，数据信号会变为高电平，这时完成的转换数据会存储到寄存器中，最后再对转换结果进行读取。

(3)软件设计

软件设计实际上主要是对 DSP 程序的设计，在设计前需要对采样的方式与频率加以明确，通常情况下会采用 1 代表同步采样，0 代表异步采样，其中，在进行数据采集工作时主要是通过 IRQ0 中断进行，IRQ0 中断一次就代表着数据采集一次，所采集到的数据均会存储到存储器中，进而再进行读数操作。在采集过程中相关程序会对采集次数进行统计，数据未达到 1 024 就会继续进行采集工作，如果达到了就会进入 FFT 运算。值得注意的是，在数据采集过程中，数据采集时间要根据采样方式与频率确定，并需要保证数据采集时间大于运算与传输时间之和，进而保证数据不丢失。待运算完成后可通过 USB 接口将数据传输到计算机上。

①计算机“云技术”的运用。受到大数据时代的影响，计算机使用人员对硬件的数量与软件的应用提出了更高的要求，为了更好地满足人们的需求，相关研究人员对计算机硬件设备与软件技术进行了深入的研究与分析，以提升计算机的各项功能。一些企业为了促进自身的发展，聘请一些工程师与专家进行计算机软件的研究，进而不断满足自身的需求，为计算机各个功能的快速发展提供了一定保障。由于计算机在运行后会产生较为庞大的数据，当计算机硬件达到相应的高度后会产生新的技术，“云技术”应运而生。“云技术”有效解决了计算机无法大量存储数据信息的问题，促进了数据采集系统的发展。

随着数字化技术的不断发展，计算机数据采集系统面临着极大的挑战，由于计算机在对大量数据信息处理上存在着一定问题，给数据采集造成了极大的影响，为此，需要加强对数据采集系统的研究。在大数据背景下，各行业开始加强对“大数据”的重视，对计算机数据采集系统新技术的研发，极大地促进了数据采集系统的发展。但计算机数据采集系统在应用中也存在各种问题，需要加强对互联网环境的监督与控制，确保互联网环境的安全。相关部门应当对恶意攻击现象进行制止，对于恶意攻击相关人员进行一定的惩戒，进而起到警戒作用。随着“大数据”的不断发展，各方面的数据都呈现出复杂情况，造成很多数据泄露问题，为此，需要加强数据的保密性与安全性。此外，经常会出现黑客入侵使用人员计算机设备的现象，极易造成数据信息泄露，给使用人员造成极大的损失。为此，数据采集研究人员应当结合当前社会发展的实际情况，加强对数据采集系统的研究与创新，不断增强数据的安全性与保密性，为使用人员营造一个安全的互联网环境，并不断提高计算机数据采集的技术水平，进而满足使用人员的要求。

②建立智能化系统。随着科学技术的不断发展，智能技术也得到了快速发展，在计算机数据采集系统中应用智能化系统能有效提高数据采集的质量效率，为此，需要加强对智能技术的研究，建立完善的智能化系统。智能技术在应用中突破了原有技术的不足，对原有系统设备进行了适当调整，在智能化数据采集设备中加入 AT89C51 单片机，再结合地址编码，进而形成数据系统。在应用智能系统的过程中，在工作人员的监控下，数字转换电路会对已获取的数据信号进行转换，使其以数字模拟信号的形式历经串行接口传送至单片机中，保证了数据的精准性与安全性。

随着科学技术的发展与“大数据”时代的到来，计算机数据采集系统面临着巨大的挑战，为此，需要加强对计算机数据采集系统设计与应用的研究，在设计上需要结合任务与相关标准制定准确的设计方案，结合实际任务需要对硬件与软件进行设计，使得硬软件充分发挥自身作用。此外，需要加强“云技术”与智能技术的应用，从而提高数据采集的精确性与安全性。

参考文献

1. 曹婷. 论行为主义人工智能的哲学意蕴[J]. 齐齐哈尔大学学报(哲学社会科学版),2023(03):23—24.
2. 陈成海. 评塞尔的中文屋论证[D]. 杭州:浙江大学,2010.
3. 陈彤,澎娟. 知识产权管理最新 ISO 标准与国家标准的比较分析[J]. 中国标准化,2021.
4. 戴小施. 人何以为人?——从海德格尔《时间与存在》出发[J]. 湖北大学学报(哲学社会科学版),2023(05):124—126.
5. 黄新平. 密码学课程交互式算法演示系统的开发与应用[J]. 软件,2013.
6. 景琪. 计算机多媒体技术的应用现状与发展前景[J]. 数码世界,2020.
7. 李宁宁,宋荣. 人—机—思维模型:对赫伯特·西蒙机器发现思想的审思[J]. 科学技术哲学研究,2022:88—90.
8. 李雪. "中文屋"论证视角下的意向性语义与计算语义问题研究[D]. 泉州:华侨大学,2021.
9. 梁具,艾云峰. 实时嵌入式系统并发程序检测方法研究[J]. 装备学院学报,2014,25(04):94—100.
10. 刘斌. 我国企业知识产权风险管理标准研究[J]. 中国标准化,2013.
11. 刘春青. 李莉莎. ISO 标准版权保护最新政策解析[J]. 标准科学,2017.
12. 刘二涛. 对电子商务概念再探讨[J]. 电子商务,2015.
13. 刘海波,李黎明. 知识产权服务业行业分类标准研究[A]. 中国科学学与科技政策研究会第六届中国科技政策与管理学术年会论文集[C]. 中国科学学与科技政策研究会:中国科学学与科技政策研究会,2010.
14. 刘明峰. 存在与方法:双重视域下的海德格尔实际性诠释学研究[D]. 上海:华东师范大学,2021.
15. 刘艳华. 探讨计算机密码学中的加密技术研究进展[J]. 电脑迷,2016.
16. 罗婉平. 现代计算机密码学及其发展前景[J]. 江西广播电视大学学

报,2009.
17. 吕兴凤,姜誉. 计算机密码学中的加密技术研究进展[J]. 信息网络安全,2009.
18. 马丁·海德格尔. 存在与时间[M]. 陈嘉映,译. 北京:商务印书馆,2012.
19. 玛格丽特·博登. 人工智能哲学[M]. 刘西瑞,王汉琦,译. 上海:上海译文出版社,2001.
20. 毛健羽. 福多的意向性理论研究[D]. 西安:长安大学,2021.
21. 舒红跃,陈翔. 人工智能:海德格尔存在论的又一条探索之路?[J]. 湖北大学学报(哲学社会科学版),2022(07):140—142.
22. 陶孝锋,李雄飞. 铱(Iridium)系统介绍[J]. 空间电子技术,2014(03):43—48.
23. 王璐珂. 赫伯特·西蒙及其对机器定理证明的贡献[D]. 石家庄:河北科技大学,2021(05):27—29.
24. 魏斌. 符号主义与联结主义人工智能的融合路径分析[J]. 自然辩证法研究,2022(02):23—25.
25. 吴坤杰. 计算机多媒体技术的应用现状与发展前景[J]. 产业与科技论坛,2018.
26. 邢昊. 计算机多媒体技术的应用及发展前景分析[J]. 建筑工程技术与设计,2018.
27. 杨乃乔. 从"Vernehmen"到"觉知"的多重语际翻译:论海德格尔存在论诠释学对形而上学先验意义的解构[J]. 学术月刊,2023(03):162—165.
28. 殷鼎. 理解的命运[M]. 上海:三联书店,1988.
29. 赵爱荣. 计算机多媒体技术的应用现状与发展前景[J]. 数字化用户,2019.
30. 周宇. 知识产权与标准的交织[J]. 电子知识产权,2020.
31. 左承承. 彭罗斯对意识的量子力学探索及其心灵哲学意义[D]. 武汉:华中师范大学,2015.